# Lösungen zu 1.1 (Seite 3)

**Aufgabe 1**

A = 2, B = 6, C = 13, D = 30, E = 55, F = 95, G = 140, H = 6, I = 18, K = 32, L = 54

**Aufgabe 2**

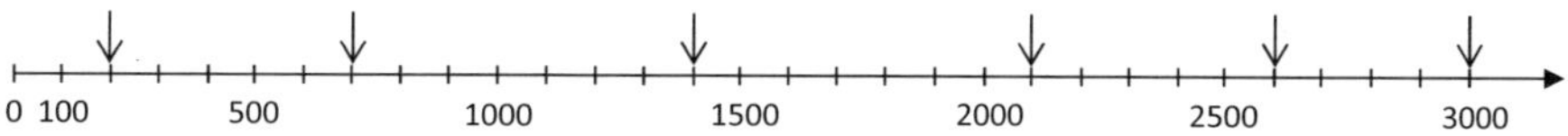


**Aufgabe 3**

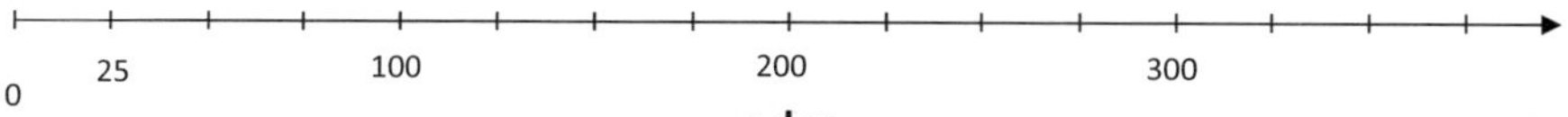


**oder**

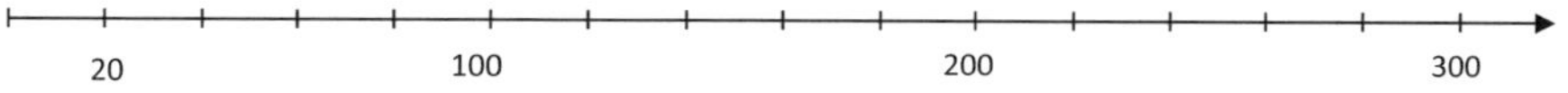


**Aufgabe 4**

a) 2080 b) 1980 c) 1605

# Lösungen zu 1.2 (Seite 4)

**Aufgabe 1**

19 [<] 27 16 [=] 16 9 [>] 8 99 [<] 100

88 [=] 88 34 [<] 43 14 [>] 13 111 [>] 75

**Aufgabe 2**

4 < [5] < 6 < [7] < [8] < 9

39 > [38] > [37] > [36] > 35

119 > [118] > [117] > [116] > [115] > 114

98 < [99] < [100] < [101] < [102] < 103

**Aufgabe 3**

a) 1 < 13 < 19 < 28 < 29 < 31 < 38 < 39 < 44 b) 99 < 101 < 132 < 182 < 231 < 238 < 284 < 312

c) 17 < 68 < 71 < 77 < 78 < 86 < 87 < 88 < 96

**Aufgabe 4**

a) 2473; 2437; 2374; 2347 b) 7243; 7324; 7342; 7423; 7432

**Aufgabe 5**

37; 44; 41; 48; 45; [52] ; [49]

Regel:

Es wird immer zunächst 7 addiert und dann 3 subtrahiert.

# Lösungen zu 1.3 (Seite 5)

**Aufgabe 1**

$2109 = 2 \cdot 1000 + 1 \cdot 100 + 0 \cdot 10 + 9 \cdot 1$
$67942 = 6 \cdot 10000 + 7 \cdot 1000 + 9 \cdot 100 + 4 \cdot 10 + 2 \cdot 1$
$290012 = 2 \cdot 100000 + 9 \cdot 10000 + 0 \cdot 1000 + 0 \cdot 100 + 1 \cdot 10 + 2 \cdot 1$
$308 = 3 \cdot 100 + 0 \cdot 10 + 8 \cdot 1$

**Aufgabe 2**

$960023 = 9 \cdot 10^5 + 6 \cdot 10^4 + 2 \cdot 10 + 3 \cdot 1$
$68891071 = 6 \cdot 10^7 + 8 \cdot 10^6 + 8 \cdot 10^5 + 9 \cdot 10^4 + 1 \cdot 10^3 + 7 \cdot 10 + 1 \cdot 1$
$527856 = 5 \cdot 10^5 + 2 \cdot 10^4 + 7 \cdot 10^3 + 8 \cdot 10^2 + 5 \cdot 10 + 6 \cdot 1$

**Aufgabe 3**

| | | |
|---|---|---|
| 48999 | 49000 | 49001 |
| 1098 | 1099 | 1100 |
| 49999 | 50000 | 50001 |
| 10999 | 11000 | 11001 |
| 7098 | 7099 | 7100 |

**Aufgabe 4**

| | |
|---|---|
| 609 | 709 |
| 1001 | 1101 |
| 1766 | 1866 |
| 9900 | 10000 |
| 11910 | 12010 |

**Aufgabe 5**

| | |
|---|---|
| 9905 | 8905 |
| 10987 | 9987 |
| 100000 | 99000 |
| 99999 | 98999 |
| 20088 | 19088 |

**Aufgabe 6**

a) 723 040 b) 4 000 300 018 c) 8 000527 d) 41 768 e) 60 082 913

# Lösungen zu 1.4 (Seite 6)

**Aufgabe 1**

$27 \approx 30$

$234 \approx 230$

$781 \approx 780$

$5906 \approx 5910$

**Aufgabe 2**

$89 \approx 100$

$7617 \approx 7600$

$1029 \approx 1000$

$6798 \approx 6800$

**Aufgabe 3**

$47609 \approx 48000$

$14573 \approx 15000$

$26357 \approx 26000$

$7802 \approx 8000$

**Aufgabe 4**

76 904 310 ≈ 77 000 000

56 964 212 ≈ 57 000 000

131 157 038 ≈ 131 000 000

43 499 301 ≈ 43 000 000

**Aufgabe 5**

| | |
|---|---|
| Hunderter | 526 900 |
| Tausender | 527 000 |
| Zehntausender | 530 000 |

**Aufgabe 6**

| Mannschaft | Anzahl Spiele |
|---|---|
| Hamburger SV | 1800 |
| FC Bayern München | 1800 |
| Borussia Dortmund | 1700 |
| 1. FC Nürnberg | 1100 |
| TSG 1899 Hoffenheim | 300 |

# Lösungen zu 1.5 (Seite 7)



**Aufgabe 1**

7 = VII

68 = LXVIII

1984 = MCMLXXXIV

492 = CDXCII

201 = CCI

**Aufgabe 2**

XXI = 21

XIV = 14

MMDIII = 2503

CLVII = 157

DCCLXXXIX = 789

**Aufgabe 3**

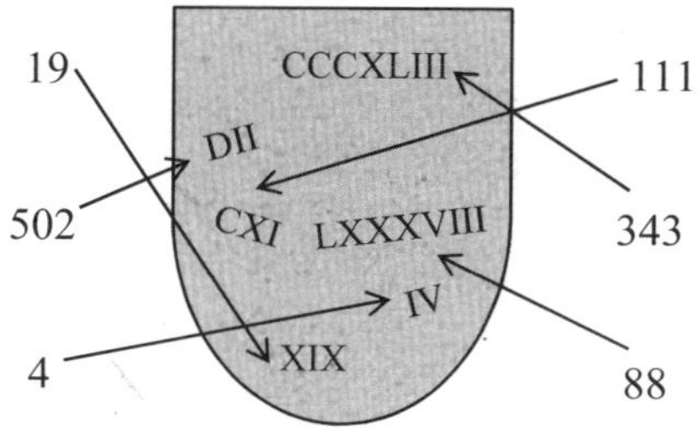


**Aufgabe 4**

(753) Sieben Fünf Drei und
Rom schlüpft aus dem Ei.
Der Sage nach wurde Rom im Jahre **753 v. Chr.** gegründet.

**Aufgabe 5**

IV = 4 XCVI = 96

96 : 4 = **24**

A: Er kann 24 Austern kaufen.

# Lösungen zu 1.6 (Seite 8)

**Aufgabe 1**

| Arabische Zahl | 2 | **13** | **7** | 79 | **46** | **21** | 14 |
|---|---|---|---|---|---|---|---|
| Duale Zahl | $\mathbf{10_2}$ | $1101_2$ | $111_2$ | $\mathbf{1001111_2}$ | $101110_2$ | $10101_2$ | $\mathbf{1110_2}$ |

**Aufgabe 2**

$100000_2$ (eingekreist) $10001_2$

$1101_2$ $10100001_2$

$11_2$ $11111_2$

$100_2$ (eingekreist) $110_2$ (eingekreist)

$100110_2$ (eingekreist) $11101_2$

<u>Regel:</u>

Ist die letzte Ziffer einer dualen Zahl eine 0, so ist die Zahl gerade. Sie besteht dann nur aus geraden Summanden, also zum Beispiel 2,4,8,16 und so weiter.

**Aufgabe 3**

$1000_2$; $10100_2$; $1100_2$; $1_2$; $110001_2$; $111_2$; $1101_2.1111_2$

# Lösungen zu 2.1 (Seite 9)

**Aufgabe 1**

| + | 17 | 33 | 199 |
|---|---|---|---|
| 319 | 336 | 352 | 518 |
| 41 | 58 | 74 | 240 |
| 408 | 425 | 441 | 607 |

414
208 | 206
88 | 120 | 86
37 | 51 | 69 | 17

800
521 | 279
316 | 205 | 74
144 | 172 | 33 | 41

**Aufgabe 2**

371 + 415 = **786** / 6637 + 729 = **7366** / 9589 + 3019 = **12608**
37491 + 52197 + 3527 = **93215** / 7491 + 579 + 1582 = **9652**

**Aufgabe 3**

683 + 219 = 902

1325 + 4965 = 6290

395 + 581 = 976

809 + 264 = 1073

**Aufgabe 4**

a) 237 + 438 = **675** b) 910 + 438 + 42 = 1348 + 42 = **1390** c) 401 + 91 + 899 = **1391**

# Lösungen zu 2.2 (Seite 10)

**Aufgabe 1**

| - | 14 | 147 | 99 |
|---|---|---|---|
| 670 | 656 | 523 | 571 |
| 500 | 486 | 353 | 401 |
| 238 | 224 | 91 | 139 |

679 | 385 | 198 | 79
294 | 187 | 119
107 | 68
39

999 | 666 | 444 | 300
333 | 222 | 144
111 | 78
33

**Aufgabe 2**

845 – 371 = **474** / 7901 – 4983 = **2918** / 6400 – 3111 = **3289**
70538 – 20853 – 9384 = **40301** / 5054 – 570 – 1444 = **3040**

**Aufgabe 3**

581 - 449 = 132

3345 - 1048 = 2297

573 - 379 = 194

905 - 354 = 551

**Aufgabe 4**

| | | | | | |
|---|---|---|---|---|---|
| Minuend | 9002 | **810** | 452 | 6750 | **6643** |
| Subtrahend | 5009 | 230 | **352** | **5901** | 1088 |
| Differenzwert | **3993** | 580 | 100 | 849 | 5555 |

**Aufgabe 5**

502 – 418 – 23 = **61**

# Lösungen zu 2.3 (Seite 11)

**Aufgabe 1**

| | | | | |
|---|---|---|---|---|
| 7 | 14 | 28 | 56 | 112 |
| 21 | 42 | 84 | 168 | 336 |
| 63 | 126 | 252 | 504 | 1008 |
| 189 | 378 | 756 | 1512 | 3024 |

**Aufgabe 2**

960000
1000 | 960
50 | 20 | 48
10 | 5 | 4 | 12
2 | 5 | 1 | 4 | 3

**Aufgabe 3**

37 · 62 = **2294**   361 · 402 = **145122**   34 · 58 = **1972**   718 · 174 = **124932**
503 · 82 = **41246**   491 · 907 = **445337**   86 · 193 = **16598**   74 · 55 = **4070**

**Aufgabe 4**

3 · 10 = 30
17 · 10 = 170
23 · 10 = 230
345 · 10 = 3450
2304 · 10 = 23040

8 · 100 = 800
29 · 100 = 2900
46 · 100 = 4600
729 · 100 = 72900
1537 · 100 = 153700

5 · 1000 = 5000
24 · 1000 = 24000
74 · 1000 =74000
842 · 1000 = 842000
4827 · 1000 = 4827000

# Lösungen zu 2.4 (Seite 12)

**Aufgabe 1**

| | | |
|---|---|---|
| 95 : 5 = | 19 | D |
| 3000 : 60 = | 50 | I |
| 720 : 12 = | 60 | V |
| 510 : 15 = | 34 | I |
| 527 : 17 = | 31 | S |
| 1197 : 9 = | 133 | O |
| 8000 : 25 = | 320 | R |

**Aufgabe 2**

Divisor / Dividend

| : | 4 | 6 | 10 | 15 |
|---|---|---|---|---|
| 60 | 15 | 10 | 6 | 4 |
| 180 | 45 | 30 | 18 | 12 |
| 420 | 105 | 70 | 42 | 28 |
| 600 | 150 | 100 | 60 | 40 |
| 1260 | 315 | 210 | 126 | 84 |

**Aufgabe 3**

112 : 7 = **16** / 168 : 6 = **28** / 2124 : 9 = **236** / 2052 : 57 = **36** / 6570 : 18 = **365** / 578 : 17 = **34**

**Aufgabe 4**

600 : 10 = 60
3400 : 10 = 340
730 : 10 = 73
8060 : 10 = 806
13240 : 10 = 1324

800 : 100 = 8
98000 : 100 = 980
18500 : 100 = 185
3900 : 100 = 39
50100 : 100 = 501

3000 : 1000 = 3
370000 : 1000 = 370
888000 : 1000 = 888
410000 : 1000 = 410
6001000 : 1000 = 6001

## Lösungen zu 2.5 (Seite 13)

**Aufgabe 1**

b) $4^5 = 4 \cdot 4 \cdot 4 \cdot 4 \cdot 4 = \mathbf{1024}$
c) $10^7 = 10 \cdot 10 \cdot 10 \cdot 10 \cdot 10 \cdot 10 \cdot 10 = \mathbf{10000000}$

**Aufgabe 2**

b) $3^4 = \mathbf{81}$  c) $14^2 = \mathbf{196}$  d) $5^3 = \mathbf{125}$  e) $10^4 = \mathbf{10000}$  f) $1^6 = \mathbf{1}$  g) $6^3 = \mathbf{216}$
h) $4^4 = \mathbf{256}$  i) $7^3 = \mathbf{343}$  k) $11^2 = \mathbf{121}$

**Aufgabe 3**

b) $3^2 \cdot 5 = 3 \cdot 3 \cdot 5 = \mathbf{45}$  b) $5^3 \cdot 3 = 5 \cdot 5 \cdot 5 \cdot 3 = \mathbf{375}$  d) $2 \cdot 4^4 = 2 \cdot 4 \cdot 4 \cdot 4 \cdot 4 = \mathbf{512}$

**Aufgabe 4**

Lösungswort: G E N I A L

**Aufgabe 5**

b) x = **2**
c) x = **3**
d) x = **3**
e) x = **2**

**Aufgabe 6**

| | | |
|---|---|---|
| b) | $2^6 = \mathbf{64}$ | $2 \cdot 6 = \mathbf{12}$ |
| c) | $10^3 = \mathbf{1000}$ | $10 \cdot 3 = \mathbf{30}$ |
| d) | $3^4 = \mathbf{81}$ | $4^3 = \mathbf{64}$ |
| e) | $2^4 = \mathbf{16}$ | $4^2 = \mathbf{16}$ |

## Lösungen zu 2.6 (Seite 14)

**Aufgabe 1**

$5^7 = 78125$
$5^8 = 390625$

Antwort: Nach dem **8. Schritt** hat der Artikel mehr als 200000 Menschen erreicht.

**Aufgabe 2**

a)

| Tag | Cent |
|---|---|
| 1 | 2 |
| 2 | 4 |
| 3 | 8 |
| 4 | 16 |
| 5 | 32 |
| 6 | 64 |
| 7 | 128 |

| Tag | Cent |
|---|---|
| 8 | 256 |
| 9 | 512 |
| 10 | 1024 |
| 11 | 2048 |
| 12 | 4096 |
| 13 | 8192 |
| 14 | 16384 |

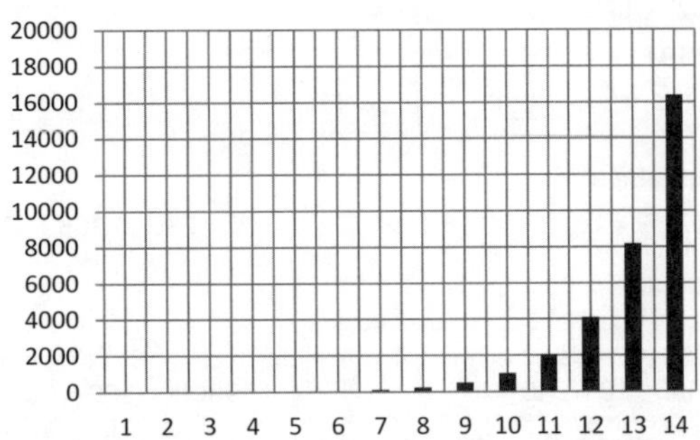


b)

$2^{15} = 32768$ ct = 327,68 €   327,68 € - 30 € = **297,68 €**

# Lösungen zu 2.7 (Seite 15)

**Aufgabe 1**

a) 45 + 82 + 155 + 118 = 45 + 155 + 82 + 118 = 200 + 200 = **400**
b) 2300 + 765 + 3 + 700 + 97 = 2300 + 700 + 97 + 3 + 765 = 3000 + 100 + 765 = **3865**
c) 250 · 4 · 13 = 1000 · 13 = **13000**
d) 50 · (59 · 2) = 50 · 2 · 59 = 100 · 59 = **5900**
e) 8 · (17 · 125) = 8 · 125 · 17 = 1000 · 17= **17000**

**Aufgabe 2**

a) 84 - (46 - 28) = 84 - 18 = **66**
b) (100 - 52) - 30 = 48 – 30 = **18**
c) 234 - (134 - 98) = 234 - 36 = **198**

**Aufgabe 3**

a) 654 - [263 - (104 - 71)] = 654 - [263 - 33] = 654 - 230 = **424**
b) [(666 - 207) + (461 - 60)] - 33 = [459 + 401] - 33 = 860 - 33 = **827**

**Aufgabe 4**

| | |
|---|---|
| 3 · 4 · 5 = **60** | E |
| 17 · 3 · 3 = **153** | R |
| 19 · 15 = **285** | D |
| 5 · 25 · 2 = **250** | K |
| 0 · 2 · 3 · 3 = **0** | U |
| 17 · 6 · 7 = **714** | N |
| 17 · 12 = **204** | D |
| 45 · 10 = **450** | E |

# Lösungen zu 2.8 (Seite 16)

**Aufgabe 1**

a) 50 - 3 · 4 = 50 - 12 = **38**
b) 25 - 5 · 3 = 25 - 15 = **10**
c) 80 - 77 : 7 = 17 - 11 = **69**
d) 12 · 8 + 2 = 96 + 2 = **98**
e) 17 - 99 : 9 = 17 - 11 = **6**
f) 16 + 4 : 2 = 16 + 2 = **18**

**Aufgabe 2**

b) 37 · 9 - 27 · 9 = (37 - 27) · 9 = 10 · 9 = **90**
c) 26 · 7 + 14 · 7 = (26 + 14) · 7 = 40 · 7 = **280**
d) 43 · 8 - 18 · 8 = (43 - 18) · 8 = 25 · 8 = **200**
e) 99 · 4 + 1 · 4 = (99 + 1) · 4 = 100 · 4 = **400**

**Aufgabe 3**

b) 102 · 23 = (100 + 2) · 23 = 100 · 23 + 2 · 23 = 2300 + 46 = **2346**
c) 99 · 8= (100 - 1) · 8 = 100 · 8 - 1 · 8 = 800 - 8 = **792**
d) 102 · 23 = (100 + 1) · 67 = 100 · 67 + 1 · 67 = 6700 + 67 = **6767**

**Aufgabe 4**

a) 80 · 4 - 55 · 2 = 320 - 110 = **210**
b) 143 : 11 + 60 : 4 = 13 + 15 = **28**
c) 5 · (4 + 9) - 20 = 5 · 13 - 20 = 65 - 20 = **45**
d) (114 - 24) : 3 = 90 : 3 = **30**
e) 88 : (8 + 3) + 22 = 88 : 11 + 22 = 8 + 22 = **30**

# Lösungen zu 2.9 (Seite 17)

**Aufgabe 1**

$(40 + 6) \cdot 7 = 322$
$67 + 3 \cdot 15 = 112$
$10 + 6 : 2 = 13$
$(15 - 6) \cdot 7 = 63$

$5 \cdot (6 + 8) = 70$
$(60 + 6) : 11 = 6$
$100 - 10 \cdot 4 = 60$
$3 \cdot 5 + 28 = 43$

**Aufgabe 2**

a) $3 \cdot x$  b) $x - 15$  c) $4 \cdot (x + 53)$  d) $8 \cdot (38 - x)$  e) $(x + 7)^2$

**Aufgabe 3**

a) $(92 - 42) \cdot (12 + 18) = 50 \cdot 30 = \mathbf{1500}$
b) $13 \cdot 6 + 8^2 = 78 + 64 = \mathbf{142}$
c) $24 - 184 : 8 = 24 - 23 = \mathbf{1}$
d) $(992 - 871) - (24 + 1) = 121 - 25 = \mathbf{96}$

**Aufgabe 4**

a) $75 - 35 \cdot 2 + 99 = \cancel{40 \cdot 2} + 99 = 80 + 99 = 179$
$75 - 35 \cdot 2 + 99 = 75 - 70 + 99 = 5 + 99 = \mathbf{104}$

Erklärung: Die Regel „Punkt vor Strich" wurde nicht beachtet.

b) $(184 - 10^2) : 4 = (184 - \cancel{20}) : 4 = 164 : 4 = 42$
$(184 - 10^2) : 4 = (184 - 100) : 4 = 84 : 4 = \mathbf{21}$

Erklärung: Statt richtig zu quadrieren, also $10^2 = 10 \cdot 10$ zu rechnen, wurde $10 \cdot 2$ gerechnet.

# Lösungen zu 2.10 (Seite 18)

**Aufgabe 1**

$3 \cdot (46 + 3) - 14 - 2 = 3 \cdot 49 - 16 = 147 - 16 = \mathbf{131}$

Antwort: Es müssen 131 Pässe gekauft werden.

**Aufgabe 2**

$672 - 45 - 102 - 3 \cdot 102 = 672 - 45 - 102 - 306 = \mathbf{219}$

Antwort: Es bleiben 219 Plätze im Kino unbesetzt.

**Aufgabe 3**

$48 \cdot 12 + 37 \cdot 20 + 98 \cdot 6 = 576 + 740 + 588 = \mathbf{1904}$

Antwort: Der Getränkehändler liefert insgesamt 1904 Flaschen.

**Aufgabe 4**

$(26 + 30 + 24 + 28) \cdot 3 = 108 \cdot 3 = \mathbf{324}$  $324 \cdot 21\ € = \mathbf{6804\ €}$

Es entstehen Gesamtkosten in Höhe von 6804 €.

# Lösungen zu 2.11 (Seite 19)

**Aufgabe 1**

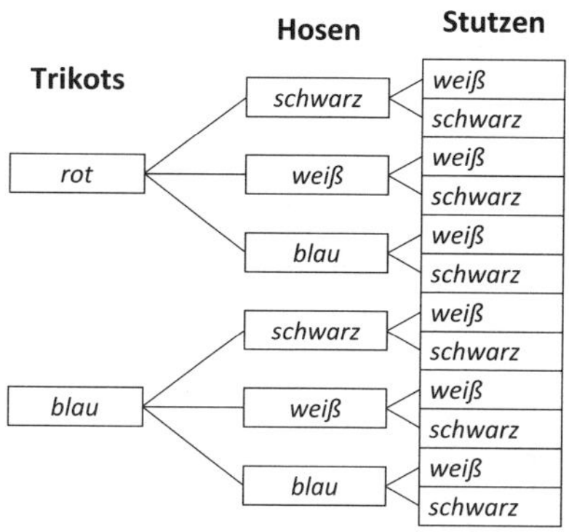


Anzahl der Kombinationsmöglichkeiten:

$2 \cdot 3 \cdot 2 = 12$

**Aufgabe 2**

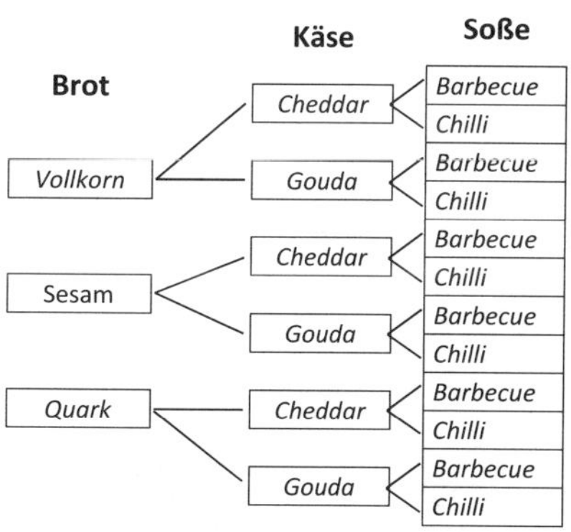


Anzahl der Bestellmöglichkeiten:

$3 \cdot 2 \cdot 2 = 12$

**Aufgabe 3**

a) $3 \cdot 3 \cdot 3 =$ **27** Kombinationsmöglichkeiten

b) $4 \cdot 3 =$ **12** Kombinationsmöglichkeiten

c) Beispiel:

Franziska überlegt, was sie heute anziehen möchte. Sie hat dafür drei verschiedene T-Shirts, vier Hosen und zwei Paar Schuhe zur Auswahl. Aus wie vielen verschiedenen Outfits kann sie wählen?

# Lösungen zu 3.1 (Seite 20)

**Aufgabe 1**

Teiler von 12: 1; 2; 3; 4; 6; 12
Teiler von 25: 1; 5; 25
Teiler von 39: 1; 3; 13; 39

Teiler von 13: 1; 13
Teiler von 81: 1; 3; 9; 27; 81
Teiler von 15: 1; 3; 5; 15

**Aufgabe 2**

| | | | | | |
|---|---|---|---|---|---|
| $3 \mid 21$ | $6 \mid 24$ | $7 \nmid 36$ | $8 \nmid 20$ | $1 \mid 7$ | $6 \nmid 13$ |
| $5 \mid 35$ | $18 \mid 54$ | $4 \nmid 102$ | $9 \nmid 82$ | $10 \mid 100$ | $3 \mid 18$ |

**Aufgabe 3**

| | |
|---|---|
| 2 | 2; 4; 6; 8; 10; 12;14;16 |
| 5 | 5; 10; 15; 20; 25; 30; 35; 40 |
| 6 | 6; 12; 18; 24; 30; 36; 42; 48 |
| 9 | 9; 18; 27; 36; 45; 54; 63; 72 |
| 10 | 10; 20; 30; 40; 50; 60; 70; 80 |
| 12 | 12; 24; 36; 48; 60; 72; 84; 96 |
| 15 | 15; 30; 45; 60; 75; 90; 105; 120 |
| 18 | 18; 36; 54; 72; 90; 108; 126; 144 |

**Aufgabe 4**

| ist Teiler von | 10 | 12 | 15 | 45 | 50 | 60 | 75 | 90 |
|---|---|---|---|---|---|---|---|---|
| 2 | x | x | | | x | x | | x |
| 3 | | x | x | x | | x | x | x |
| 5 | x | | x | x | x | x | x | x |
| 7 | | | | | | | | |
| 8 | | | | | | | | |
| 15 | | | x | x | | x | x | x |
| 25 | | | | | x | | x | |

| ist Vielfaches von | 3 | 4 | 5 | 7 | 9 | 10 | 12 | 20 |
|---|---|---|---|---|---|---|---|---|
| 9 | x | | | | x | | | |
| 33 | x | | | | | | | |
| 35 | | | x | x | | | | |
| 40 | | x | x | | | x | | x |
| 80 | | x | x | | | x | | x |
| 150 | x | | x | | | x | | |
| 250 | | | x | | | x | | |

# Lösungen zu 3.2 (Seite 21)

**Aufgabe 1**

a) $T_{10} = \{1; 2; 5; 10\}$

b) $T_{18} = \{1; 2; 3; 6; 9; 18\}$

c) $T_{11} = \{1; 11\}$

d) $T_{20} = \{1; 2; 4; 5; 10; 20\}$

e) $T_{28} = \{1; 2; 4; 7; 14; 28\}$

f) $T_{33} = \{1; 3; 11; 33\}$

g) $T_{43} = \{1; 43\}$

h) $T_{45} = \{1; 3; 5; 9; 15; 45\}$

i) $T_{50} = \{1; 2; 5; 10; 25; 50\}$

**Aufgabe 2**

a) $V_6 = \{6; 12; 18; 24; 30; ...\}$

b) $V_7 = \{7; 14; 21; 28; 35; ...\}$

c) $V_{13} = \{13; 26; 39; 52; 65; ...\}$

d) $V_{19} = \{19; 38; 57; 76; 95; ...\}$

e) $V_{25} = \{25; 50; 75; 100; 125; ...\}$

f) $V_{36} = \{36; 72; 108; 144; 180; ...\}$

### Aufgabe 3

a) $T_{48}$ = {1; 2; **3**; 4; **6**; 8; **12**; ~~14~~; **16**; **24**; 48}

b) $T_{99}$ = {1; 3; 9; 11; ~~19~~; **33;** 99 }

c) $V_{17}$ = {17; 34; ~~52~~; **51**; 68; **85**; 102; ... }

d) $V_{24}$ = {24; 48; 72; ~~98~~; **96**; ~~122~~; **120**; ... }

### Aufgabe 4

**Vielfache von 4**

| | | | | | | | | | |
|---|---|---|---|---|---|---|---|---|---|
| 1 | 2 | 3 | **4** | 5 | 6 | 7 | **8** | 9 | 10 |
| 11 | **12** | 13 | 14 | 15 | **16** | 17 | 18 | 19 | **20** |
| 21 | 22 | 23 | **24** | 25 | 26 | 27 | **28** | 29 | 30 |
| 31 | **32** | 33 | 34 | 35 | **36** | 37 | 38 | 39 | **40** |
| 41 | 42 | 43 | **44** | 45 | 46 | 47 | **48** | 49 | 50 |
| 51 | **52** | 53 | 54 | 55 | **56** | 57 | 58 | 59 | **60** |
| 61 | 62 | 63 | **64** | 65 | 66 | 67 | **68** | 69 | 70 |
| 71 | **72** | 73 | 74 | 75 | **76** | 77 | 78 | 79 | **80** |
| 81 | 82 | 83 | **84** | 85 | 86 | 87 | **88** | 89 | 90 |
| 91 | **92** | 93 | 94 | 95 | **96** | 97 | 98 | 99 | **100** |

**Vielfache von 5**

| | | | | | | | | | |
|---|---|---|---|---|---|---|---|---|---|
| 1 | 2 | 3 | 4 | **5** | 6 | 7 | 8 | 9 | **10** |
| 11 | 12 | 13 | 14 | **15** | 16 | 17 | 18 | 19 | **20** |
| 21 | 22 | 23 | 24 | **25** | 26 | 27 | 28 | 29 | **30** |
| 31 | 32 | 33 | 34 | **35** | 36 | 37 | 38 | 39 | **40** |
| 41 | 42 | 43 | 44 | **45** | 46 | 47 | 48 | 49 | **50** |
| 51 | 52 | 53 | 54 | **55** | 56 | 57 | 58 | 59 | **60** |
| 61 | 62 | 63 | 64 | **65** | 66 | 67 | 68 | 69 | **70** |
| 71 | 72 | 73 | 74 | **75** | 76 | 77 | 78 | 79 | **80** |
| 81 | 82 | 83 | 84 | **85** | 86 | 87 | 88 | 89 | **90** |
| 91 | 92 | 93 | 94 | **95** | 96 | 97 | 98 | 99 | **100** |

## Lösungen zu 3.3 (Seite 22)

### Aufgabe 1

a) ggT (18; 24) = **6**
$T_{18}$ = {1; 2; 3; 6; 9; 18}
$T_{24}$ = {1; 2; 3; 4; 6; 8; 12; 24}

b) ggT (36; 19) = **1**
$T_{36}$ = {1; 2; 3; 4; 6; 9; 12; 18; 36}
$T_{19}$ = {1; 19}

c) ggT (16; 22) = **2**
$T_{16}$ = {1; 2; 4; 8; 16}
$T_{22}$ = {1; 2; 11; 22}

d) ggT (30; 44) = **2**
$T_{30}$ = {1; 2; 3; 5; 6; 10; 15; 30}
$T_{44}$ = {1; 2; 4; 11; 22; 44}

e) ggT (27; 81) = **27**
$T_{27}$ = {1; 3; 9; 27}
$T_{81}$ = {1; 3; 9; 27; 81}

f) ggT (20; 35) = **5**
$T_{20}$ = {1; 2; 4; 5; 10; 20}
$T_{35}$ = {1; 5; 7; 35}

### Aufgabe 2

a) kgV (8; 20) = **40**
$V_8$ = {8; 16; 24; 32; 40; ...}
$V_{20}$ = {20; 40; ...}

b) kgV (6; 12) = **12**
$V_6$ = {6; 12; 18; ...}
$V_{12}$ = {12; 24; ...}

c) kgV (4; 10) = **20**
$V_4$ = {4; 8; 12; 16; 20; ...}
$V_{10}$ = {10; 20; ...}

d) kgV (3; 4; 6) = **12**
$V_3$ = {3; 6; 9; 12; ...}
$V_4$ = {4; 8; 12; ...}
$V_6$ = {6; 12; ...}

e) kgV (5; 7; 35) = **35**
$V_5$ = {5; 10; 15; 20; 25; 30; 35; ...}
$V_7$ = {7; 14; 21; 28; 35; ...}
$V_{35}$ = {35; 70; ...}

f) kgV (2; 4; 5) = **20**
$V_2$ = {2; 4; 6; 8; 10; ... }
$V_4$ = {4; 8; 12; 16; 20; ...}
$V_5$ = {5; 10; 15; 20; ...}

# Lösungen zu 3.4 (Seite 23)

## Eine Zahl ist genau dann ...

durch 2 teilbar, wenn sie gerade ist.
durch 3 teilbar, wenn ihre Quersumme durch 3 teilbar ist.
durch 4 teilbar, wenn die letzten beiden Ziffern eine durch 4 teilbare Zahl bilden oder sie auf 00 endet.
durch 5 teilbar, wenn ihre letzte Ziffer 0 oder 5 ist.
durch 6 teilbar, wenn sie gerade ist und ihre Quersumme durch 3 teilbar ist.
durch 8 teilbar, wenn die letzten drei Ziffern eine durch 8 teilbare Zahl bilden oder sie auf 000 endet.
durch 9 teilbar, wenn ihre Quersumme durch 9 teilbar ist.
durch 10 teilbar, wenn ihre letzte Ziffer 0 ist.
durch 25 teilbar, wenn sie auf 00, 25, 50 oder 75 endet.
durch 100 teilbar, wenn ihre letzten beiden Ziffern 00 sind.

Lösungswort: P R I M Z A H L E N

# Lösungen zu 3.5 (Seite 24)

**Aufgabe 1**

| ist Teiler von | 500 | 6589 | 290 | 3459 | 4325 | 1001 | 456 | 90 | 750 | 4000 | 25 | 69 | 450 | 865 | 34 | 857 |
|---|---|---|---|---|---|---|---|---|---|---|---|---|---|---|---|---|
| 2 | x | | x | | | | x | x | x | x | | | x | | x | |
| 5 | x | | x | | x | | | x | x | x | x | | x | x | | |
| 10 | x | | x | | | | | x | x | x | | | x | | | |
| 25 | x | | | | x | | | | x | x | x | | x | | | |
| 100 | x | | | | | | | | | x | | | | | | |
| 4 | x | | | | | | x | | | x | | | | | | |
| 8 | | | | | | | x | | | x | | | | | | |

**Aufgabe 2**

a) 488 b) 95 c) 232 d) 375

**Aufgabe 3**

b) $1324 = 1300 + 24$ $13 \mid 1300$ aber $13 \nmid 24$ somit: $13 \nmid 1324$

c) $688 = 660 + 28$ $11 \mid 660$ aber $11 \nmid 28$ somit: $11 \nmid 688$

d) $721 = 700 + 21$ $7 \mid 700$ und $7 \mid 21$ somit: $7 \mid 721$

**Aufgabe 4**

b) *$4 \nmid 22$ und $4 \nmid 17$ und somit:* $4 \nmid 22 \cdot 17$

c) *$5 \nmid 14$ aber $5 \mid 15$ und somit:* $5 \mid 14 \cdot 15$

d) *$7 \nmid 4$ und $7 \nmid 17$ aber $7 \mid 35$ und somit:* $7 \mid 4 \cdot 35 \cdot 17$

# Lösungen zu 3.6 (Seite 25)

**Aufgabe1**

| ist teilbar durch | | 3 | 6 | 9 |
|---|---|---|---|---|
| | Quersumme | | | |
| 657 | 18 | x | | x |
| 1347 | 15 | x | | |
| 98946 | 36 | x | x | x |
| 10093 | 13 | | | |
| 708 | 15 | x | x | |
| 1000 | 1 | | | |
| 129579 | 33 | x | | |

| ist teilbar durch | | 3 | 6 | 9 |
|---|---|---|---|---|
| | Quersumme | | | |
| 72000 | 9 | x | x | x |
| 666666 | 36 | x | x | x |
| 370643 | 23 | | | |
| 48 | 12 | x | x | |
| 50271 | 15 | x | | |
| 6944 | 23 | | | |
| 323232 | 15 | x | x | |

**Aufgabe 2**

a) 243 (M) b) 582 (A) c) 102 (T) d) 738 (H) e) 996 (E) MATHE

**Aufgabe 3**

a) 5698**8** b) 507**7**8 c) 78**7**23 d) 160**2**

e) 50**6**34 f) 894**5**1 g) 1**1**25 h) 999**4**5

**Aufgabe 4**

a) **f** b) **f** c) **w** d) **f** e) **w** f) **f** g) **w** h) **f** i) **f** k) **f** l) **f** m) **w**

# Lösungen zu 3.7 (Seite 26)

**Aufgabe 1**

Primzahlen zwischen 2 und 100:
2, 3, 5, 7, 11, 13, 17, 19, 23, 29, 31, 37, 41, 43, 47, 53, 59, 61, 67, 71, 73, 79, 83, 89, 97

**Aufgabe 2**

1. 31 (B) 2. 47 (A) 3. 137 (L) 4. 257 (L) BALL

**Aufgabe 3**

b) $100 = 2 \cdot 2 \cdot 5 \cdot 5$ e) $96 = 2 \cdot 2 \cdot 2 \cdot 2 \cdot 2 \cdot 3$ h) $410 = 2 \cdot 5 \cdot 41$

c) $188 = 2 \cdot 2 \cdot 47$ f) $164 = 2 \cdot 2 \cdot 41$ i) $78 = 2 \cdot 3 \cdot 13$

d) $240 = 2 \cdot 2 \cdot 2 \cdot 2 \cdot 3 \cdot 5$ g) $363 = 3 \cdot 11 \cdot 11$ k) $145 = 5 \cdot 29$

**Aufgabe 4**

a) nur den Primfaktor 2: 16; 32 und 64
b) nur den Primfaktor 3: 27 und 81
c) nur den Primfaktor 5: 25
d) nur den Primfaktor 7: 49
e) nur die Primfaktoren 2 <u>und</u> 5: 10; 20; 40; 50; 80

# Lösungen zu 3.8 (Seite 27)

**Aufgabe1**

a) ggT (28; 40) = **4**
b) ggT (24; 66) = **6**
c) ggT (45; 80) = **5**
d) ggT (30; 60; 105) = **15**
e) ggT (42; 70; 98) = **14**
f) ggT (18; 26; 32) = **2**

**Aufgabe2**

a) kgV (36; 50) = **900**
b) kgV (24; 30) = **120**
c) ggT (12; 33) = **132**
d) kgV (6; 8; 10) = **120**
e) kgV (9; 15; 20) = **180**
f) kgV (18; 34; 51) = **306**

# Lösungen zu 4.1 (Seite 28)

**Aufgabe 1**

a) 5 € = 500ct
b) 11 € = 1100 ct
c) 72 € = 7200 ct
d) 360 € = 36000ct
e) 900 ct = 9 €
f) 7000 ct = 70 €

**Aufgabe 2**

a) 17 € 23 ct = 17,23 €
b) 4 € 45 ct = 4,45 €
c) 345 € 7 ct = 345,07 €
d) 95 € 8 ct = 95,08 €
e) 3998 ct = 39,98 €
f) 5 ct = 0,05 €
g) 100 € 12 ct = 100,12 €
h) 1 € 1 ct = 1,01 €

**Aufgabe 3**

a) 14,78 € = 14 € 78 ct
b) 21,60 € = 21 € 60 ct
c) 0,69 € = 69 ct
d) 101,99 € = 101 € 99 ct
e) 1,04 € = 1 € 4 ct
f) 34,50 € = 34 € 50 ct
g) 1019,02 € = 1019 € 2 ct
h) 650,19 € = 650 € 19 ct

**Aufgabe 4**

Wie viel fehlt bis 50 €?

| | |
|---|---|
| 23 € | 27 € |
| 18 € 67 ct | 31 € 33 ct |
| 10,99 € | 39 € 1 ct |
| 24 € 6 ct | 25 € 94 ct |

Wie viel fehlt bis 100 €?

| | |
|---|---|
| 99 € | 1 € |
| 21 € 1 ct | 78 € 99 ct |
| 90,38 € | 9 € 62 ct |
| 49,10 € | 50 € 90 ct |

Wie viel fehlt bis 500 €?

| | |
|---|---|
| 388 € | 112 € |
| 303,47 € | 196 € 53 ct |
| 100 € 50 ct | 399 € 50 ct |
| 465,94 € | 34 € 6 ct |

**Aufgabe 5**

| Betrag | Scheine | Münzen | Auflistung |
|---|---|---|---|
| 6,15 € | 1 | 3 | 1 x 5 €, 1 x 1 €, 1 x 10 ct, 1 x 5 ct |
| 22,50 € | 1 | 2 | 1 x 20 €, 1 x 2 €, 1 x 50 ct |
| 55,42 € | 2 | 3 | 1 x 50 €, 1 x 5 €, 2 x 20 ct, 1 x 2 ct |

# Lösungen zu 4.2 (Seite 29)

**Aufgabe 1**

a) 45000 m = 45 km
b) 30000 m = 30 km
c) 56 m = 5600 cm
d) 34000 cm = 340 m
e) 710 cm = 71 dm

f) 2300 cm = 23 m
g) 845 m = 8450 dm
h) 793 m = 79300 cm
i) 67 m = 67000 mm
k) 980 cm = 98 dm

l) 800 cm = 8000 mm
m) 25 dm = 250 cm
n) 8400 dm = 840 m
o) 230 mm = 23 cm
p) 600 mm = 6 dm

**Aufgabe 2**

a) 17 m 4 dm = 17,4 m
b) 6 m 9 cm = 6,09 m
c) 4 km 734 m = 4,734 km
d) 92 m 8 mm = 92,008m
e) 1 km 41 m = 1,041 km

f) 17 m 4 dm = 17,4 m
g) 25 m 4 cm = 25,04 m
h) 14 km 23 m = 14,023 km
i) 8 dm 3 mm = 8,03 dm
k) 9 dm 2 cm = 9,2 dm

**Aufgabe 3**

a) 23 m 8 cm = 2308 cm
b) 4 m 9 mm = 4009 mm
c) 6 dm 5 cm = 65 cm
d) 7 dm 3 mm = 703 mm
e) 3 km 12 m = 3012 m

**Aufgabe 4**

a) 1,2 dm < 121 cm < 12 m < 12001 mm
b) 3 dm < 0,32 m < 36 cm < 400 mm
c) 900 mm < 90,1 cm < 9 m < 92 dm
d) 10100 cm < 1100 dm < 1 km < 1100 m

**Aufgabe 5**

| Angabe | ... zu 2 m | ... zu 2 m 5 dm | ... zu 10 m | ... zu 1 km |
|---|---|---|---|---|
| 12 cm | 1 m 88 cm | 2 m 38 cm | 9 m 88 cm | 999 m 88 cm |
| 800 mm | 12 dm | 17 dm | 9 m 2 dm | 999 m 2 dm |
| 1 m 96 cm | 4 cm | 54 cm | 8 m 4 cm | 998 m 4 cm |

# Lösungen zu 4.3 (Seite 30)

**Aufgabe 1**

100g / 120 kg / 1 t / 50 mg

**Aufgabe 2**

a) 9000 g = 9 kg
b) 60000 g = 60 kg
c) 4 t 350 kg = 4350 kg
d) 7 t 60 kg = 7060 kg
e) 3982 g = 3,982 kg
f) 4678 g = 4,678 kg
g) 908 g = 0,908 kg
h) 4,201 t = 4201 kg
i) 0,048 t = 48 kg

k) 35000 mg = 35 g
l) 5214 mg = 5,214 g
m) 1951 mg = 1,951 g
n) 469 mg = 0,469 g
o) 95 mg = 0,095 g
p) 82 kg = 82000 g
q) 7,1 kg = 7100 g
r) 68,56 kg = 68560 g
s) 9,012 kg = 9012 g

t) 8000 kg = 8 t
u) 62000 kg = 62 t
v) 737 kg = 0,737 t
w) 38 kg = 0,038 t
x) 4 kg = 0,004 t

**Aufgabe 3**

b) 4,2 kg < 4 t < 4100 kg < 40000000 g
c) 0,031 t < 31100 g < 0,3 t < 312 kg
d) 0,8 kg < 0,007 t < 7000600 mg < 7600 g

**Aufgabe 4**

| ***1 kg*** | |
|---|---|
| 365 g | 635 g |
| 75000 mg | 925 g |
| 0,4 kg | 600 g |

| ***1 t*** | |
|---|---|
| 598 kg | 402 kg |
| 60000 g | 940 kg |
| 0,2 t | 800 kg |

| ***1 g*** | |
|---|---|
| 546 mg | 454 mg |
| 8 mg | 992 mg |
| 0,4 g | 600 mg |

# Lösungen zu 4.4 (Seite 31)

**Aufgabe 1**

a) 7 min = 420 s
b) 14 min = 840 s
c) 3 min 12 s = 192 s
d) 12 min 9 s = 729 s
e) 2 min 2 s = 122 s
f) 1 h 10 min = 4200 s

**Aufgabe 2**

a) 840 s = 14 min
b) 12 h = 720 min
c) 7 h 12 min = 432 min
d) 4 h 23 min = 263 min
e) 2 h 26 min = 146 min
f) 10 h 1 min = 601 min

**Aufgabe 3**

a) 144 s = 2 min 24 s
b) 612 s = 10 min 12 s
c) 400 s = 6 min 40 s
d) 924 s = 15 min 24 s
e) 812 s = 13 min 32 s
f) 1000 s = 16 min 40 s

**Aufgabe 4**

a) 230 min = 3 h 50 min
b) 100 min = 1 h 40 min
c) 362 min = 6 h 2 min
d) 3 d = 72 h
e) 11 d 14 h = 278 h
f) 1 d 67 min = 25 h 7 min

**Aufgabe 5**

a) 4 min [<] 245 s
b) 12 min [>] 700 s
c) 420 s [=] 7 min
d) 5 h 1 min [>] 18050 s
e) 70 min [>] 1h 8 min
f) 6 d [<] 150 h
g) 1,5 h [>] 75 min
h) 77 h [=] 3 d 5 h

**Aufgabe 6**

5 h 35 min / 2 h 15 min / 3 h 15 min

**Aufgabe 7**

48 min / 7.41 Uhr / 17.15 Uhr / 2 h 58 min

# Lösungen zu 4.5 (Seite 32)

**Aufgabe 1**

5 l / 7500 hl / 40 ml / 3 ml

**Aufgabe 2**

a) 5 hl = 500 l
b) 3 l = 3000 ml
c) $\frac{1}{2}$ l = 500 ml
d) 2000 ml = 2 l
e) 4 cl = 40 ml
f) $\frac{3}{4}$ l = 750 ml
g) 800 l = 8 hl
h) 90 ml = 9 cl
i) $\frac{1}{4}$ l = 250ml

**Aufgabe 3**

a) 5 l 300 ml = 5300 ml
b) 1 hl 23 l = 123 l
c) 5 hl 3 l = 503 l
d) 200 hl 5 l = 20005 l
e) 10 l 200 ml = 10200 ml
f) 12 l 35 ml = 12035 ml
g) 1 hl 50 ml = 100050 ml

**Aufgabe 4**

a) 35 ml < $3\frac{1}{2}$ l < 3600 ml < 30000 ml
b) 81 l < 8 hl < 801 l < 810000 ml

**Aufgabe 5**

| 1 Liter | |
|---|---|
| 240 ml | 760 ml |
| 7 ml | 993 ml |
| 0,5 l | 500 ml |
| $\frac{3}{4}$ l | 250 ml |
| 8 cl | 920 ml |

| 1 Hektoliter | |
|---|---|
| 10 l | 90 l |
| 74 l | 26 l |
| 6000 ml | 94 l |
| 99 l | 1 l |
| 100000 ml | Nichts |

# Lösungen zu 4.6 (Seite 33)

**Aufgabe 1**

Summe: 436,46 €     Rückgeld: 63,54 €

**Aufgabe 2**

| Zu zahlender Betrag | Vom Kunden gegeben | Rückgeld |
|---|---|---|
| 75,23 € | 80 € | **4,77 €** |
| 40,78 € | **41 €** | 0,22 € |
| **64,71 €** | 100 € | 35,29 € |
| 8,05 € | 10,05 € | **2 €** |

**Aufgabe 3**

a) 3 l 127 ml + 2,85 l - 973 ml
= 3127 ml + 2850 ml - 973 ml
= 5004 ml = **5 l 4 ml**

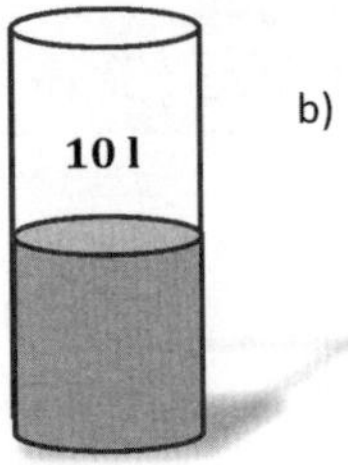


b) 1,5 l - $\frac{3}{4}$ l - 692 ml
= 1500 ml - 750 ml - 692 ml
= **58 ml**

**Aufgabe 4**

a) 11 min 32 s - 4 min 50 s = 692 s - 290 s = 402 s = **6 min 42 s**
b) 3,812 t - 2189 kg = 3812 kg - 2189 kg = 1623 kg = **1,623 t**
c) 12,79 m + 31,7 dm = 1279 cm + 317 cm = 1596 cm = **15,96 m**
d) 9 h 47 min + 2 h 14 min = 587 min + 134 min = 721 min = **12 h 1 min**
e) 1075,31 € - 180,50 € = 107531 ct - 18050 ct = 89481 ct = **894,81 €**
f) 3,2 km - 1447 m = 3200 m - 1447 m = 1753 m = **1,753 km**

# Lösungen zu 4.7 (Seite 34)

**Aufgabe 1**

| | | | |
|---|---|---|---|
| a) | 6 kg - 1200 g = | 6000g – 1200 g = 4800 g = 4,8 kg | F |
| b) | 12,5 km + 6 km 100 m = | 12500 m + 6100 m = 18600 m = 18,6 km | A |
| c) | 4 h 12 min - 3 h 35 min = | 252 min - 215 min = 37 min | B |
| d) | 12 € 54 ct + 24 € 8 ct = | 1254 ct + 2408 ct = 3662 ct = 36,62 € | E |
| e) | 3 l 150 ml + $\frac{3}{4}$ l = | 3150 ml + 750 ml = 3900 ml = 3,9 l | L |
| f) | 590,4 g + 800 mg = | 590400 mg + 800 mg = 591200 mg = 591,2 g | H |
| g) | 8,45 m - 3,1 dm = | 845 cm - 31 cm = 814 cm = 8,14 m | A |
| h) | 68,76 € - 67,98€ = | 6876 ct - 6798 ct = 78 ct | F |
| i) | 10 min 42 s + 4 min 18 s = | 642 s + 258 s = 900 s = 15 min | T |

**Aufgabe 2**

a) 45,3 m · 7 = 453 dm · 7 = 3171 dm = **317,1 m**
b) 4 kg 200 g · 6 = 4200 g · 6 = 25200 g = **25 kg 200 g**
c) 2 h 12 min · 9 = 132min · 9 = 1188 min = **19 h 48 min**
d) 3,45 € · 12 = 345 ct · 12 = 4140 ct = **41,40 €**
e) 4 l 236 ml : 4 = 4236 ml : 4 = 1059 ml = **1 l 59 ml**
f) 223,20 € : 6 = 22320 ct : 6 = 3720 ct = **37,20 €**
g) 4 min 27 s : 3 s = 267 s : 3 s = **89**
h) 4,75 m : 25 cm = 475 cm : 25 cm = **19**
i) 15 t 750 kg : 63 kg = 15750 kg : 63 kg = **250**

## Lösungen zu 4.8 (Seite 35)

**Aufgabe 1**

6 · (3 · 17 € + 4 · 6,50 €) = 6 · (51 € + 26 €) = 6 · 77 € = **462 €**

Antwort: Er muss insgesamt 462 € bezahlen.

**Aufgabe 2**

60128 € - 8 · 13 € = 60128 € - 104 € = 60024 €    60024 € : 8 = **7503 €**

Antwort: Jeder Spieler erhält 7503 €.

**Aufgabe 3**

6 Erwachsene und 4 Kinder: 6 · 6,40 € + 4 · 4 € = 38,40 € + 16 € = 54,40 €
100 € - 54,40 € = **45,60 €**

Antwort: Er erhält 45,60 € zurück.

**Aufgabe 4**

Lisa nimmt beide Angebote wahr und kauft zusätzlich noch zwei Brötchen.
2,50 € + 1,50 € + 2 · 0,45 € = 4 € + 90 ct = 4,90 €.
Sie hat insgesamt **6 Brötchen** und **5 Brezen** gekauft und erhält noch 10 ct zurück.

## Lösungen zu 4.9 (Seite 36)

**Aufgabe 1**

a) 392 km + 486 km = **878 km**    Antwort: Die Strecke ist 878 km lang.
b) 403 km + 110 km + 455 km = **968 km**    Antwort: Die Strecke ist 968 km lang.

**Aufgabe 2**

57,3 km + 24,5 km + 53,3 km + 3 · 24,5 km = 57300 m + 24500 m + 53300 m + 73500 m =
208600 m = 208,6 km = **208 km 600 m**

Antwort: Sie legen insgesamt 208 km 600 m zurück.

**Aufgabe 3**

a) 10000 m : 400 m = **25**    Antwort: Er muss 25 Runden laufen.
b) 14 · 400 m + 200 m = 5600 m + 200 m = **5800 m**    Antwort: Er ist 5800 m gelaufen.

**Aufgabe 4**

a)

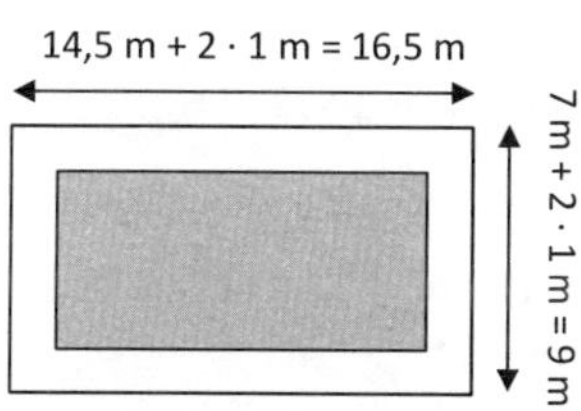


b) 14,5 m + 2 · 1 m = 16,5 m
7 m + 2 · 1 m = 9 m

2 · 16,5 m + 2 · 9 m =
33 m + 18 m = **51 m**

# Lösungen zu 4.10 (Seite 37)

**Aufgabe 1**

7 · 100 g + 8 · 75 g + 1600 g + 750 g = 700 g + 600 g + 1600g + 750 g = 3650 g = **3,65 kg**

Antwort: Die Tasche wird reißen.

**Aufgabe 2**

816 kg: 8 kg = 102 102 - 68 = **34** Antwort: Er benötigt 34 zusätzliche Kisten.

**Aufgabe 3**

3 · 2200g + 2 · 1600 g = 6600 g + 3200 g = 9800 g 107000g - 9800 g = 97200 g = **97,2 kg**

Antwort: Er wiegt nach den 5 Wochen noch 97,2 kg.

**Aufgabe 4**

a)

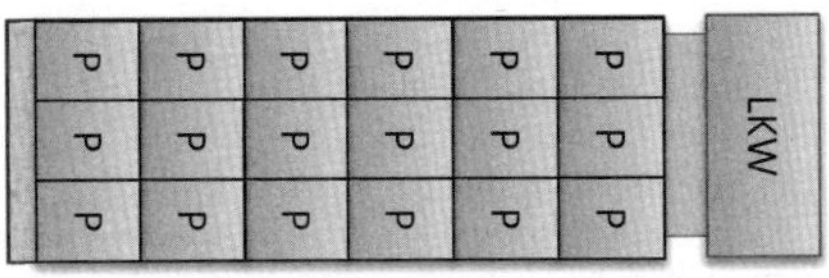


Es sind maximal 18 Paletten möglich.

b) Ganze Palette: 24 · 15 kg = 360 kg

5760 kg : 360 kg = **16**

Antwort: Es können 16 ganze Paletten transportiert werden.

# Lösungen zu 4.11 (Seite 38)

**Aufgabe 1**

1 min 53 s + 2 min 9 s = 4 min 2 s 4 min 2 s - 1 min 59 s = 2 min 3 s

Antwort: Sepp Deuchl muss im zweiten Lauf schneller als 2 min 3 s sein.

**Aufgabe 2**

| | Mo | Di | Mi | Do | Fr |
|---|---|---|---|---|---|
| Beginn | 7.30 | 7.30 | 7.45 | 7.30 | 8.00 |
| Mittagspause | 30 min | 30 min | 30 min | 1 h | 40 min |
| Feierabend | 16.00 | 16.20 | 17.00 | 17.15 | **14.50** |
| Arbeitszeit | 8 h | 8 h 20 min | 8 h 45 min | 8 h 45 min | 6 h 10 min |

Antwort: Er muss bis **14.50 Uhr** in der Arbeit bleiben.

**Aufgabe 3**

18 h 55 min + 9 h 40 min = 28 h 35 min 28 h 35 min - 24 h = 4 h 35 min

4 h 35 min + 6 h = **10 h 35 min** Antwort: In Singapur ist es 10.35 Uhr.

**Aufgabe 4**

22 min + 2 · 38 min + 41 min + 2 · 15 min = 169 min 19 h + 169 min = **21 h 49 min**

Antwort: Die Zuschauer können die Halle um **21.49 Uhr** verlassen.

# Lösungen zu 4.12 (Seite 39)

**Aufgabe 1**

a) 15 · 8,10 € = **121,50 €** Antwort: Markus hat 121,50 € ausgegeben.

b) 15 · 12 · 700 ml = 180 · 700 ml = 126000 ml 126000 ml : 200 ml = 630
630 € - 121,50 € = **508,50 €**
Antwort: Die Klasse 5b hat 508,50 € Gewinn gemacht.

**Aufgabe 2**

900 l : 2 = 450 l 450 l : 15 l = 30 Antwort: Er muss 30 Mal laufen.

**Aufgabe 3**

0,7 l = 700 ml 1 cl = 10 ml Verbrauch pro Tag: 20 ml
700 ml : 20 ml = **35**
Antwort: Sie hat nach 35 Tagen eine Flasche verbraucht.

**Aufgabe 4**

40 l + 33 l + 30 l + 13 l + 12 l + 12 l = 140 l 140 l · 100 = 14000 l = 140 hl
18900 hl : 140 hl = **135**

Antwort: 100 Einwohner würden es in 135 Tagen verbrauchen.

# Lösungen zu 4.13 (Seite 40)

**Aufgabe 1**

| *Anzahl* | *Preis in €* |
|---|---|
| 1 | **1,20 €** |
| 2 | **2,40 €** |
| 3 | 3,60 € |
| ***5*** | 6,00 € |
| 7 | **8,40 €** |

**Aufgabe 2**

10,80 € : 12 = 90 ct 7 · 90 ct = **6,30 €**
5 · 0,90 ct = **4,50 €**

Antwort: Hannes muss 6,30 € bezahlen, Andrea 4,50 €.

**Aufgabe 3**

6 · 3,00 € = 18 € 18 € : 4 = **4,50 €** 18 € : 8 = **2,25 €**
Ein großes Stück (1 Viertel) kostet 4,50 €, ein kleines Stück (1 Achtel) kostet 2,25 €

**Aufgabe 4**

390 € : 20 = 19,50 € 4 · 19,50 € = **78 €** Antwort: Herr Kirschner muss 78 € bezahlen.
Hier ist auch eine schnelle Lösung ohne Dreisatz möglich: 390 € : 5 = **78 €**

**Aufgabe 5**

56 € : 40 = 1,40 € 1,40 € · 45 = **63 €** Antwort: Herr Willert muss dann 63 € bezahlen.

**Aufgabe 6**

8,50 € : 2 = 4,25 € 4,25 € · 3 = 12,75 € 1 kg Kirschen kostet bei beiden Angeboten gleich viel.
Herr Loose hat also überhaupt keine Ersparnis erzielt.

# Lösungen zu 4.14 (Seite 41)

**Aufgabe 1**

a)

| *Karte* | *Wirklichkeit* | *Maßstab* |
|---|---|---|
| 2 cm | **200 cm** | 1 : 100 |
| **4 cm** | 2 km | 1 : 50000 |
| 4 cm | 160 m | **1 : 4000** |
| 5 dm | 7,5 km | **1 : 15000** |

b)

| *Modell* | *Wirklichkeit* | *Maßstab* |
|---|---|---|
| 80 cm | **4 mm** | 200 : 1 |
| 2 dm | 8 mm | **25 : 1** |
| **6 m** | 12 cm | 50 : 1 |
| 10 cm | 2,5 cm | **4 : 1** |

**Aufgabe 2**

a) Gleißbühl - Galgenhof: 2600 m = 2,6 km
b) Rosenau - Tafelhof: 2000 m = 2,0 km
c) Tafelhof - Gleißbühl: 2300 m = 2,3 km

**Aufgabe 3**

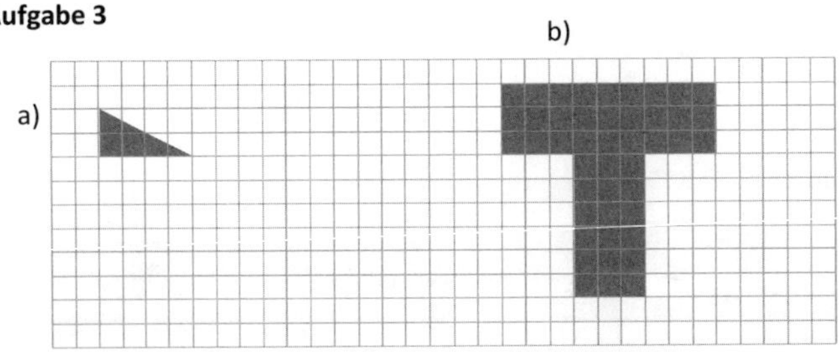


*Darstellung nicht maßstabsgetreu.*

# Lösungen zu 5.1 (Seite 42)

**Aufgabe 1**

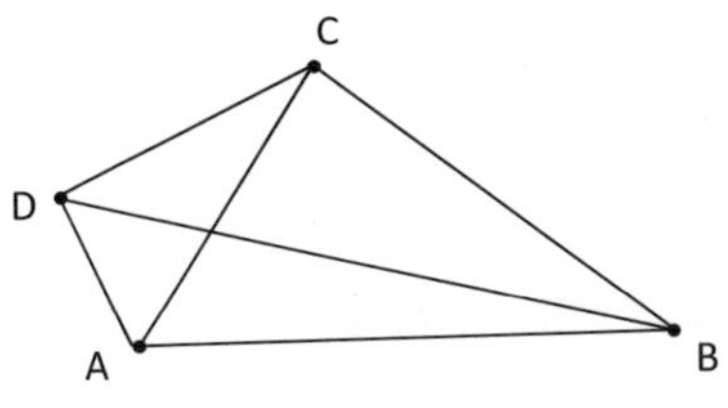


| *Strecke* | *Länge der Strecke* |
|---|---|
| $\overline{AB}$ | $\lvert\overline{AB}\rvert$ = 5,0 cm |
| $\overline{AC}$ | $\lvert\overline{AC}\rvert$ = 3,1 cm |
| $\overline{AD}$ | $\lvert\overline{AD}\rvert$ = 1,6 cm |
| $\overline{BC}$ | $\lvert\overline{BC}\rvert$ = 4,2 cm |
| $\overline{BD}$ | $\lvert\overline{BD}\rvert$ = 5,9 cm |
| $\overline{CD}$ | $\lvert\overline{CD}\rvert$ = 2,7 cm |

*Darstellungen nicht maßstabsgetreu.*

**Aufgabe 2**

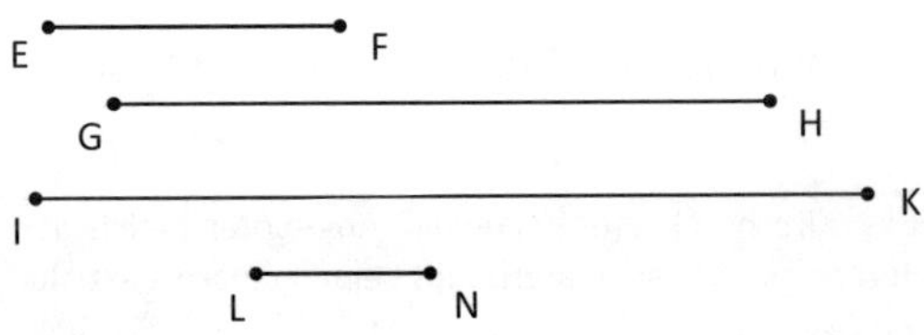

**Aufgabe 3**

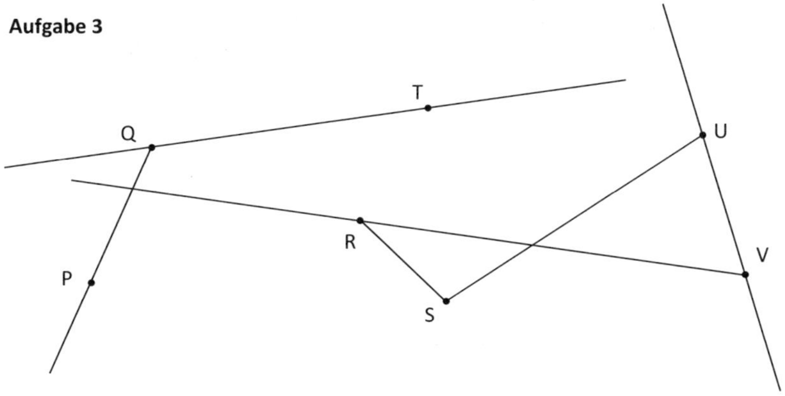


**Aufgabe 4**

(Beispiel)

## Lösungen zu 5.2 (Seite 43)

**Aufgabe 1**

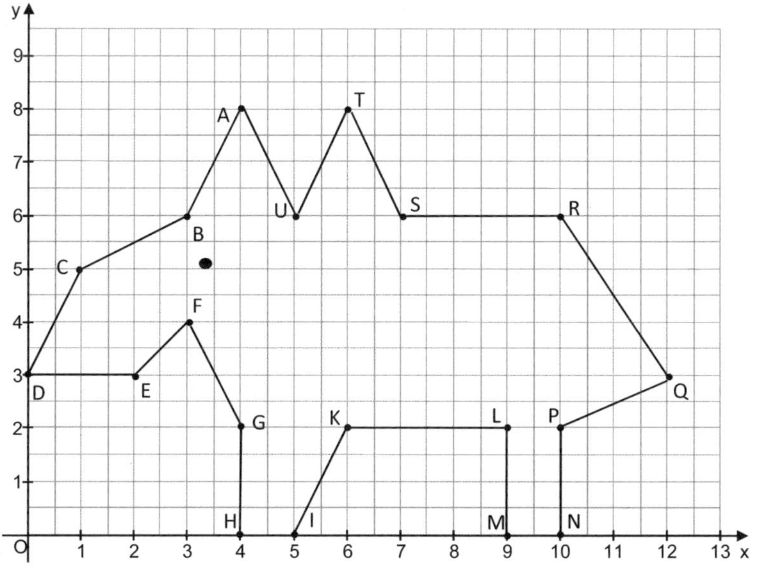


**Aufgabe 2**

B(1|7) C(10|3) D(8|8) E(2|1) F(5|2) G(2|5) H(9|4)

# Lösungen zu 5.3 (Seite 44)

**Aufgabe 1**

$g_2 \perp g_3$ ;  $g_1 \perp g_6$ ;  $g_5 \perp g_6$ ;  $g_4 \perp g_7$

**Aufgabe 2**

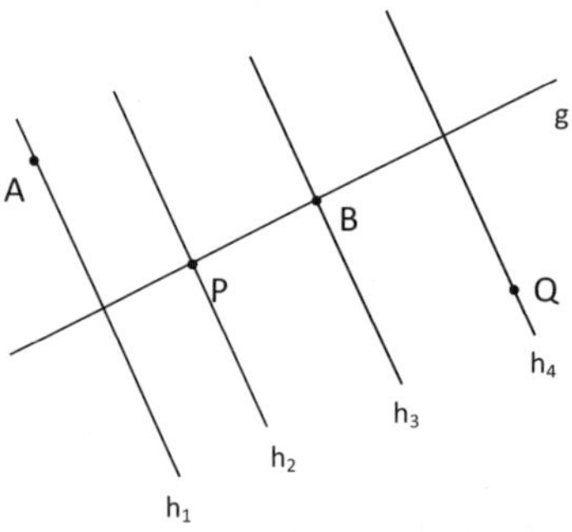


*Darstellungen nicht maßstabsgetreu.*

**Aufgabe 3**

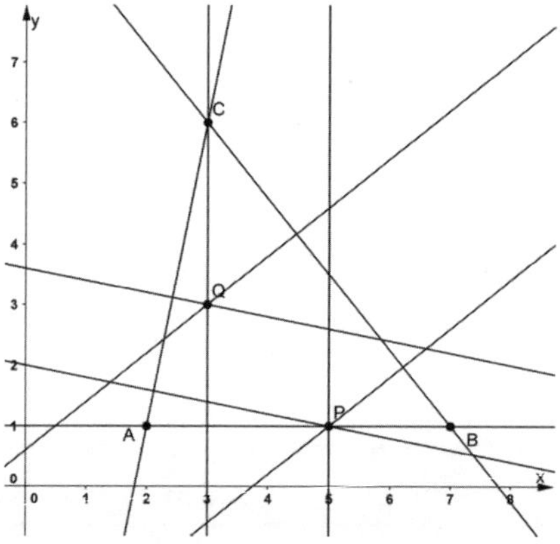


# Lösungen zu 5.4 (Seite 45)

**Aufgabe 1**

$g_2 \parallel g_4$ ;  $g_3 \parallel g_5$;  $g_6 \parallel g_8$

**Aufgabe 2**

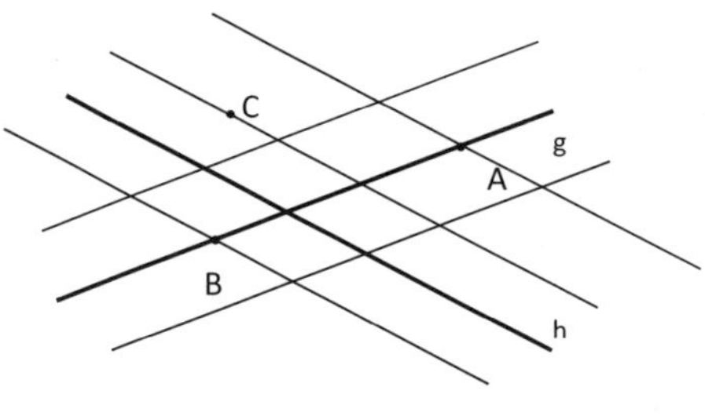


*Darstellungen nicht maßstabsgetreu.*

**Aufgabe 3**  a) $g \nparallel h$  b) P (0|7)

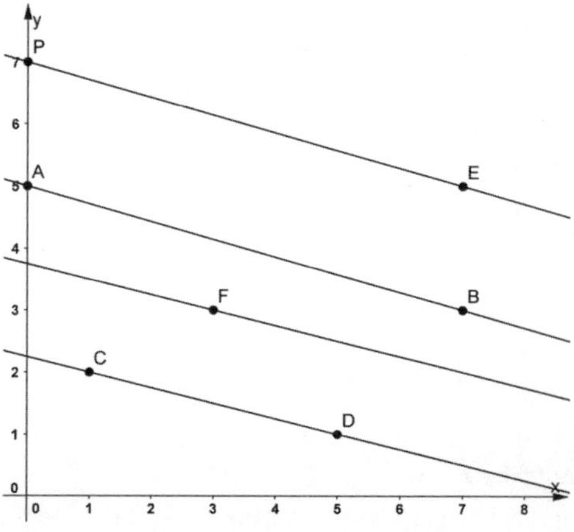

# Lösungen zu 5.5 (Seite 46)

**Aufgabe 1**

| | | | |
|---|---|---|---|
| d(A; g) = | 1,8 cm | d(C; h) = | 1,8 cm |
| d(B; g) = | 4,9 cm | d(D; h) = | 3,1 cm |
| d(C; g) = | 1,3 cm | d(P; h) = | 0,9 cm |
| d(D; g) = | 3,1 cm | d(Q; h) = | 3,6 cm |

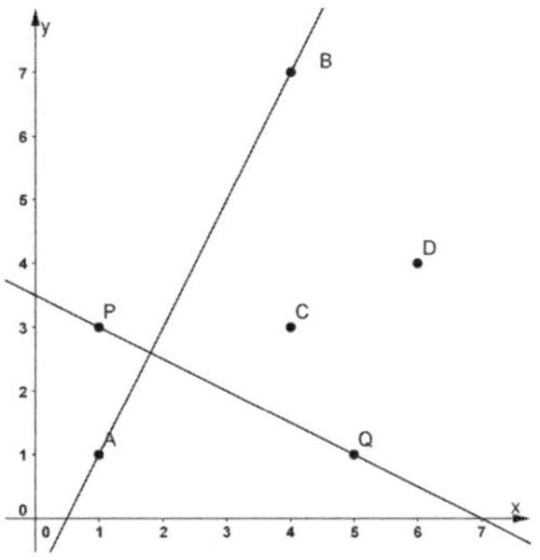


*Darstellung nicht maßstabsgetreu.*

**Aufgabe 2**

| | |
|---|---|
| d(R; g) = 3,1 cm | d(A; $\overline{BC}$) = 6,1 cm |
| d(P; g) = 1,4 cm | d(B; $\overline{AC}$) = 3,8 cm |
| d(P; $\overline{AC}$) = 1,5 cm | d(C; $\overline{AB}$) = 3,5 cm |

# Lösungen zu 5.6 (Seite 47)

**Aufgabe 1**

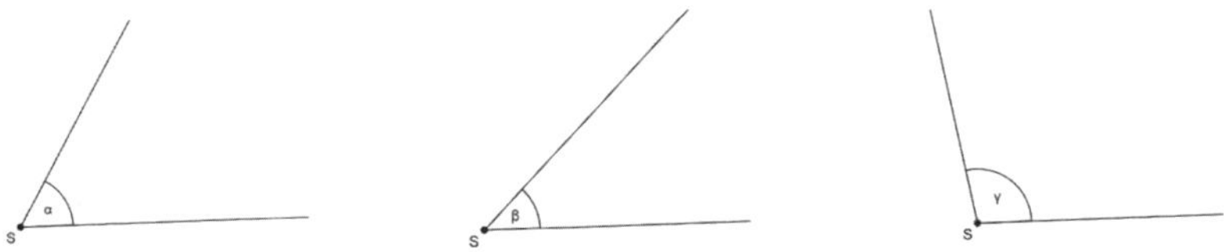


**Aufgabe 2**

∢ BAR = 55°
∢ CBA = 78°
∢ DCB = 315°
∢ EDC = 112°
∢ FED = 108°
∢ EFG = 236°

∢ HGF = 50°
∢ GHP = 33°
∢ HPQ = 243°
∢ RQP = 114°
∢ QRA = 139°
∢ ARQ = 221°

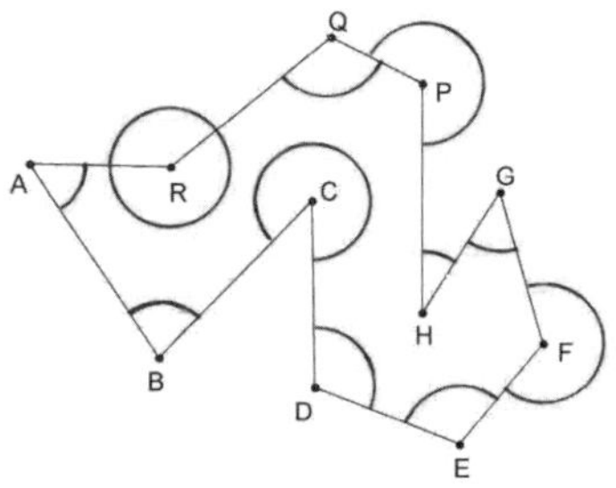


**Aufgabe 3**

| Winkel | ∢ PQR | ∢ SNT | ∢ CGA | ∢ FHB | ∢ LDZ |
|---|---|---|---|---|---|
| Maß | 52° | 105° | 327° | 90° | 34° |
| Art | spitzer Winkel | stumpfer Winkel | überstumpfer Winkel | rechter Winkel | spitzer Winkel |

# Lösungen zu 5.7 (Seite 48)

**Aufgabe 1**

a) α = 30° b) α = 64° / δ = ε = 116° c) α = 17° / δ = ε = 144°
d) α = δ = 57° / ε = 95° / γ = 28°

**Aufgabe 2**

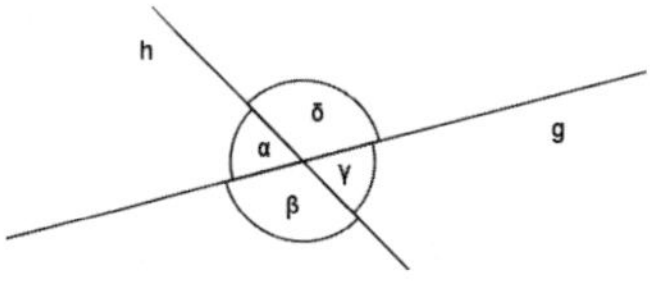


**Aufgabe 3**

a) α = 55° b) α = 65°
c) α = 20° d) α = 117°

# Lösungen zu 5.8 (Seite 49)

**Aufgabe 1**

| Radius r | 4 cm | 56 mm | **39 mm** | **20 cm** | 5 dm | 13 cm | **5,5 m** |
|---|---|---|---|---|---|---|---|
| Durchmesser d | **8 cm** | **112 mm** | 78 mm | 40 cm | **1 m** | **26 cm** | 11 m |

**Aufgabe 2**

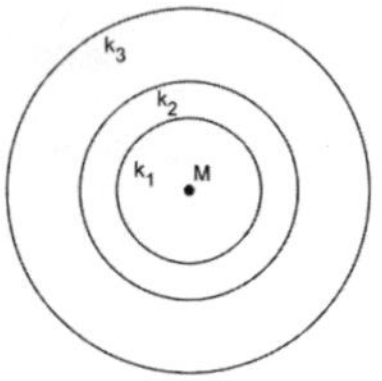


**Aufgabe 3**

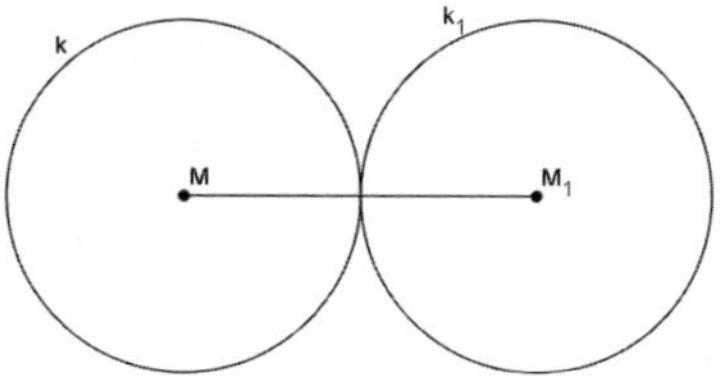


**Aufgabe 4**

*Darstellungen nicht maßstabsgetreu.*

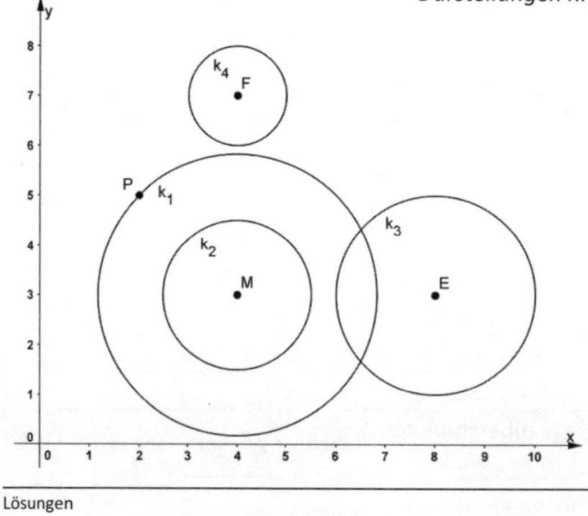

# Lösungen zu 5.9 (Seite 50)

**Aufgabe 1**

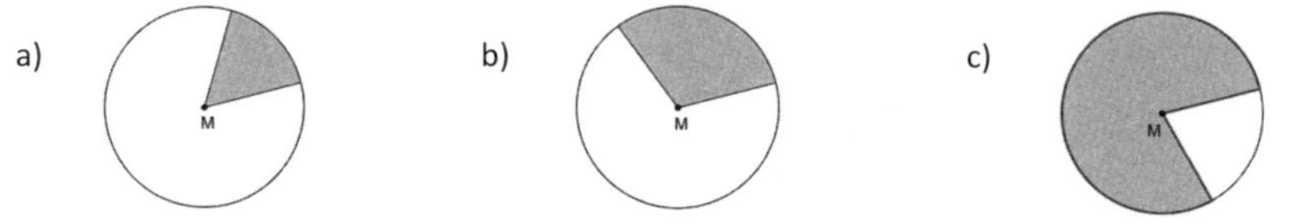


**Aufgabe 2**

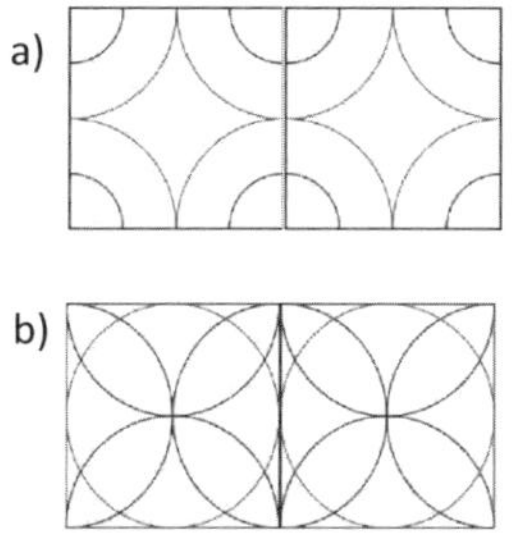


**Aufgabe 3**

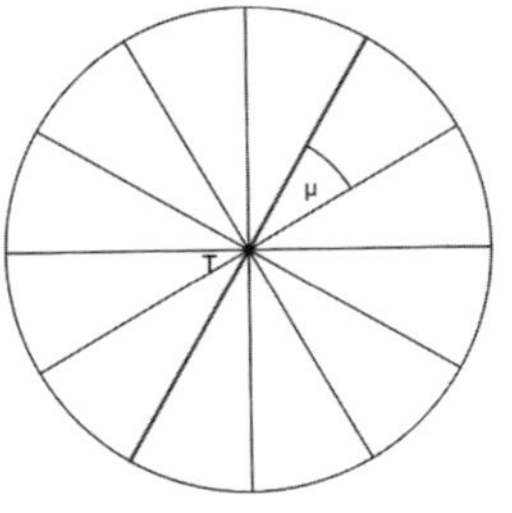


μ = 30°

# Lösungen zu 5.10 (Seite 51)

**Aufgabe 1**

| | | | |
|---|---|---|---|
| ...spitzwinklig | I. / II. / III. / VI | ...stumpfwinklig | VII. / IX. / X. |
| ...rechtwinklig | IV. / V. / VII. | ...gleichschenklig | IV. / VI. / VIII. |
| ...gleichseitig | I. | ...gleichschenklig-rechtwinklig | IV. |

**Aufgabe 2**

a)

b) Beispiel:

c) Beispiel:

**Aufgabe 3**

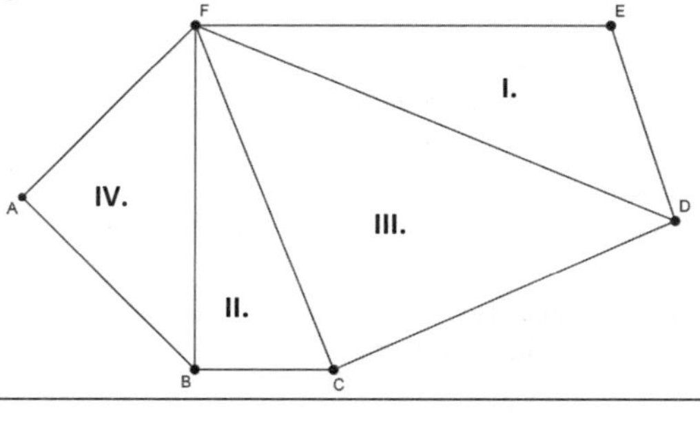

# Lösungen zu 5.11 (Seite 52)

**Aufgabe 1**

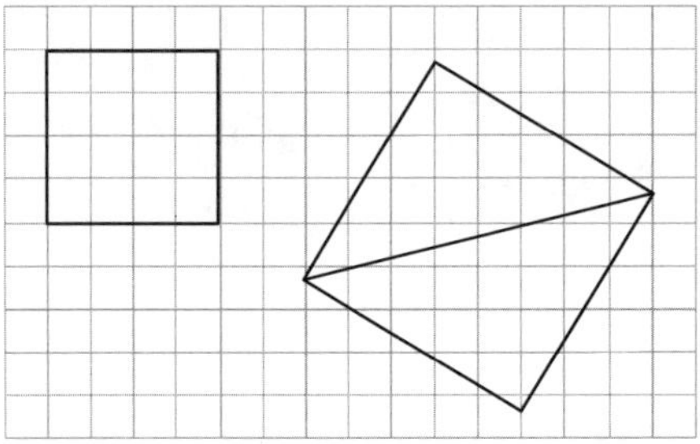

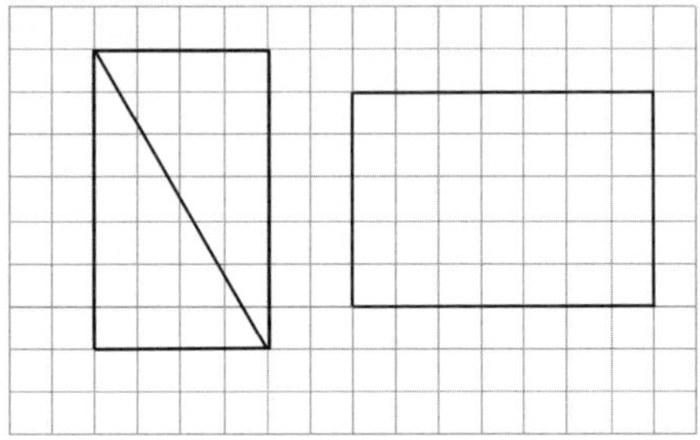

**Aufgabe 2**

Lösungswort: C H E M I E

**Aufgabe 3**

③ ④ ⑥ ① ⑤ ②

# Lösungen zu 5.12 (Seite 53)

**Aufgabe 1**

| Körper | Beispiel |
|---|---|
| ① Würfel | z.B. Spielwürfel |
| ② Prisma | z.B. Schokoladenverpackung |
| ③ Quader | z.B. Schuhkarton |
| ④ Kegel | z.B. Baustellenmarkierung |
| ⑤ Zylinder | z.B. Ölfass |
| ⑥ Pyramide | z.B. Pyramiden in Ägypten |
| ⑦ Kugel | z.B. Golfball |

**Aufgabe 2**

| Körper | Beschreibung |
|---|---|
| Würfel | Besitzt 8 Ecken, 12 Kanten und 6 Flächen. Alle 6 Flächen sind Quadrate. |
| Prisma | Je nach Grundfläche und Deckfläche unterschiedliche Anzahl an Ecken, Kanten und Flächen. Grundfläche und die Deckfläche liegen parallel zueinander und sind gleich groß. |
| Quader | Besitzt 8 Ecken, 12 Kanten und 6 Flächen. Die jeweils gegenüberliegenden Flächen sind gleich groß und nicht alle quadratisch. |

| Körper | Beschreibung |
|---|---|
| Kegel | Besitzt 1 Ecke, 1 Kante und 2 Flächen. Die Grundfläche ist ein Kreis. |
| Zylinder | Besitzt 0 Ecken, 2 Kanten und 3 Flächen. Die Grundfläche und die Deckfläche sind gleich große Kreise, die parallel zueinander liegen. |
| Pyramide | Besitzt bei viereckiger Grundfläche 5 Ecken, 8 Kanten und 5 Flächen. |
| Kugel | Besitzt 0 Ecken und 0 Kanten und 1 Fläche. |

**Aufgabe 3**

a) Zylinder / Kegel

b) Quader / Würfel / Kugel

# Lösungen zu 5.13 (Seite 54)

**Aufgabe 1**

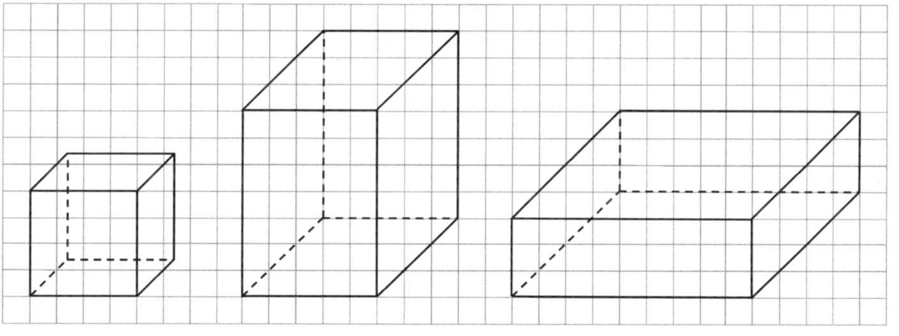

**Aufgabe 2**

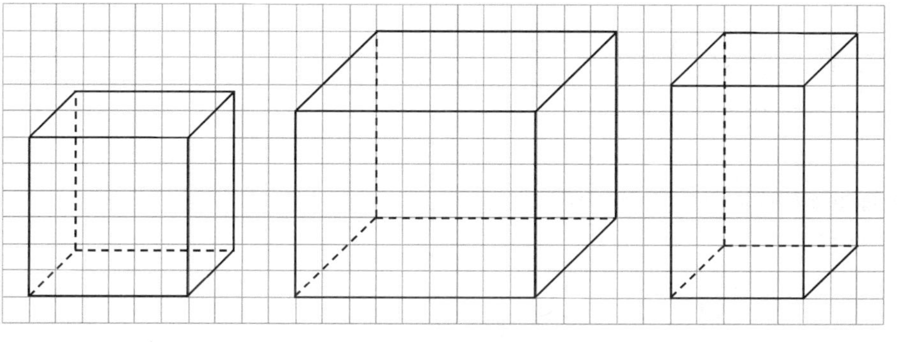

**Aufgabe 3**

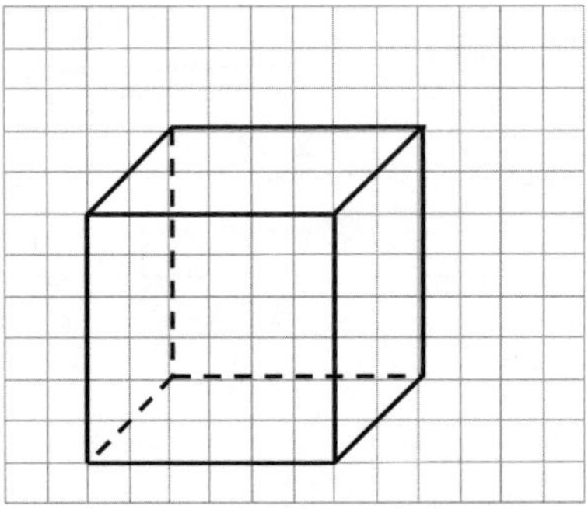

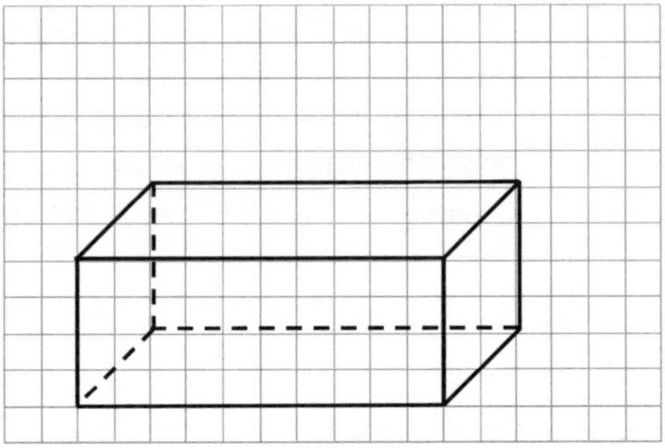

# Lösungen zu 5.14 (Seite 55)

**Aufgabe 1**

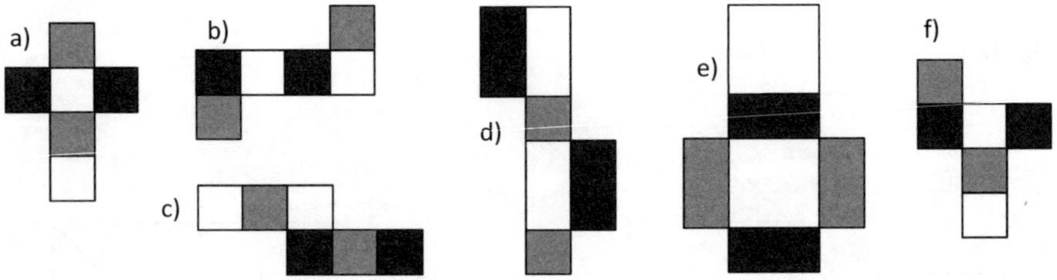


**Aufgabe 2**

a) ja  b) nein  c) nein  d) ja  e) nein

**Aufgabe 3**

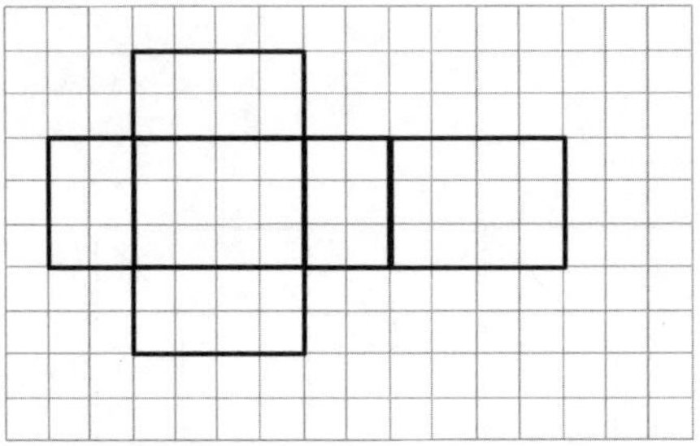

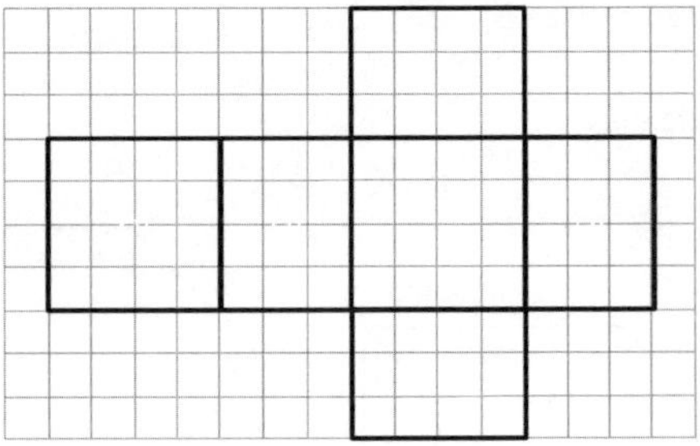

**Aufgabe 4** (mehrere Lösungen möglich)

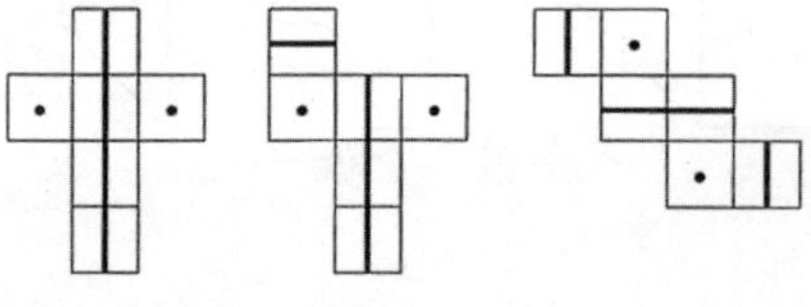

# Lösungen zu 6.1 (Seite 56)

**Aufgabe 1**

16 °C / 7 °C / 17 °C / 2 °C / -6 °C / -1 °C / 5 °C / 2 °C

**Aufgabe 2**

a) 6 °C b) -7 °C c) -3 °C d) 3 °C e) 4 °C f) -2 °C

**Aufgabe 3**

1. Moskau 2. Stockholm 3. Hamburg 4. Nürnberg 5. München 6. Athen

**Aufgabe 4**

a) -200 € b) +350 € c) -12,5 € d) -24 € e) +120 € f) +87 €

**Aufgabe 5**

| | | | | | | |
|---|---|---|---|---|---|---|
| Alter Kontostand | 36 € | 112 € | 70 € | 38 € | **10 €** | **85 €** |
| Überweisung über | 50 € | 182 € | **107 €** | **70 €** | 50 € | 103 € |
| Neuer Kontostand | **-14 €** | **-70 €** | -37 € | -32 € | -40 € | -18 € |

# Lösungen zu 6.2 (Seite 57)

**Aufgabe 1**

A = -9 B = -5 C = -3 D = -1 E = -17 F = -12 G = -8 H = -5 I = -2

**Aufgabe 2**

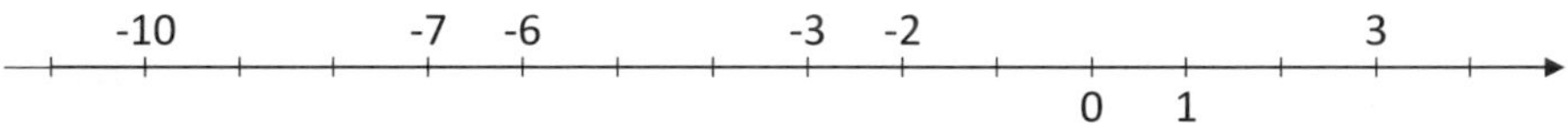


**Aufgabe 3**

| | | | | |
|---|---|---|---|---|
| 3 > -4 | -5 < 4 | -30 < 12 | -28 < -27 | 6 > -1 |
| -11 > -12 | -40 > -50 | 0 > -1 | -66 < -65 | -9 < -6 |

**Aufgabe 4**

a) -1; 0; 1; 2 b) -6; -5; -4; -3 c) -8; -7; -6

**Aufgabe 5**

a) 5 b) 4 c) 12 d) 1 e) 98

**Aufgabe 6**

| | | | | |
|---|---|---|---|---|
| \|-5\| > \|-4\| | 7 = \|-7\| | 14 > \|-10\| | 2 = \|2\| | 8 < \|-9\| |

**Aufgabe 7**

a) -12 < -8 < -4 < -3 < 3 < 12

b) -100 < -98 < -89 < -88 < 90 < 99

c) -23 < -21 < -18 < 18 < |-20|

d) -74 < -72 < -70 < |-71| < |72|

# Lösungen zu 6.3 (Seite 58)

**Aufgabe 1**

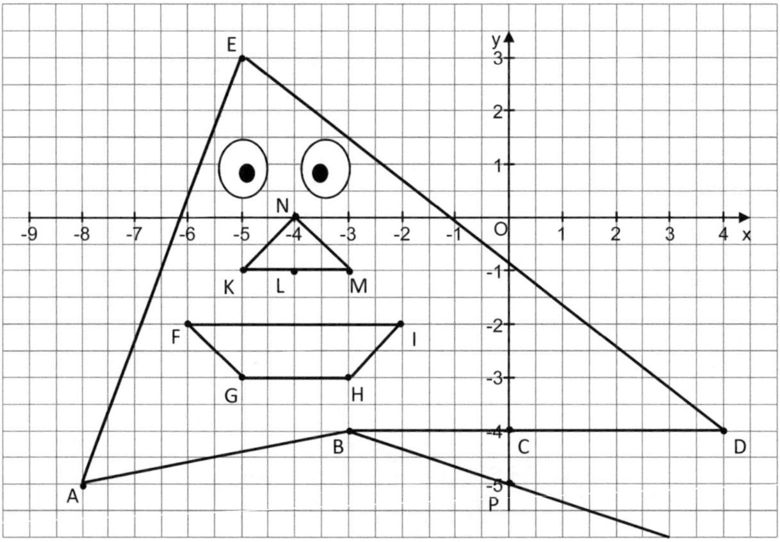


**Aufgabe 2**

B(-4|2)   C(0|-2)   D(2|3)   E(-5|-4)   F(-2|-3)   G(-3|0)   H(3|-5)   I(4|-1)

# Lösungen zu 6.4 (Seite 59)

**Aufgabe 1**

a) 12   b) −26   c) −22   d) −61   e) 60   f) −2   g) 3   h) 1   i) 24   k) −1
l) −91   m) −51   n) −57   o) −144   p) -22

**Aufgabe 2**

b) 28   c) −126   d) 298   e) −83   f) 53   g) 66   h) 56

**Aufgabe 3**

| + | +23 | -11 | +5 | -32 | -19 |
|---|---|---|---|---|---|
| +13 | 36 | 2 | 18 | -19 | -6 |
| +7 | 30 | -4 | 12 | -25 | -12 |
| -4 | 19 | -15 | 1 | -36 | -23 |
| -31 | -8 | -42 | -26 | -63 | -50 |
| -50 | -27 | -61 | -45 | -82 | -69 |

| – | +61 | -55 | +6 | -15 | +77 |
|---|---|---|---|---|---|
| +27 | -34 | 82 | 21 | 42 | -50 |
| -3 | -64 | 52 | -9 | 12 | -80 |
| -41 | -102 | 14 | -47 | -26 | -118 |
| +10 | -51 | 65 | 4 | 25 | -67 |
| -23 | -84 | 32 | -29 | -8 | -100 |

# Lösungen zu 6.5 (Seite 60)

**Aufgabe 1**

a) -3 b) 2 c) -40 d) 30 e) 9 f) -136 g) -50

**Aufgabe 2**

a) -55 b) -24 c) -84 d) -42 e) 13 f) -103 g) -81 h) -9 i) -56

**Aufgabe 3**

a) 16 - 70 + 4 = 16 + 4 - 70 = 20 - 70 = **-50**
b) -23 - 11 + 62 - 9 + 18 = -23 - 11 - 9 + 62 + 18 = -23 - 20 + 80 = -43 + 80 = **37**
c) -87 + 55 - 13 = = -87 - 13 + 55 = -100 + 55 = **-45**
d) 14 - 27 + 16 - 3 = 14 + 16 - 27 - 3 = 30 - 30 = **0**
e) 100 - 250 + 50 - 10 = 100 + 50 - 250 - 10 = 150 - 250 - 10 = -100 - 10 = **-110**
f) -33 - 66 + 77 - 11 = -33 - 66 - 11 + 77 = -33 - 77 + 77 = **-33**

**Aufgabe 4**

a) 34 - ( 68 - 132 ) = 34 - (-64) = 34 + 64 = **98**
b) [( -12 - 14 ) + 24 ] - 1 = [-26 + 24] -1 = -2 - 1 = **-3**
c) 28 - [( 34 - 61 ) - 7 ] = 28 - [-27 - 7] = 28 - (-34) = 28 + 34 = **62**

**Aufgabe 5**

| | | | | | |
|---|---|---|---|---|---|
| -192 | | | | | |
| 39 | -231 | | | | |
| 82 | -43 | -188 | | | |
| 49 | 33 | -76 | -112 | | |
| 11 | 38 | -5 | -71 | -41 | |
| 16 | -5 | 43 | -48 | -23 | -18 |

| | | | | | |
|---|---|---|---|---|---|
| 51 | -12 | 19 | 28 | -6 | -30 |
| 63 | -31 | -9 | 34 | 24 | |
| 94 | -22 | -43 | 10 | | |
| 116 | 21 | -53 | | | |
| 95 | 74 | | | | |
| 21 | | | | | |

# Lösungen zu 6.6 (Seite 61)

**Aufgabe 1**

a) 30 b) -75 c) 7 d) -160 e) 72 f) -60 g) 600 h) -121 i) 39 k) -180 l) -108 m) 28

**Aufgabe 2**

a) -125 · (-7) · 8 = -125 · 8 · (-7) = -1000 · (-7) = **7000**
b) -27 · (-25) · (-4) = -27 · 100 = **-2700**
c) 250 · (-9) · (-4) = 250 · (-4) · (-9) = -1000 · (-9) = **9000**
d) -50 · (-7) · (-2) · 3 = -50 · (-2) · (-7) · 3 = 100 · (-21) = **-2100**

**Aufgabe 3**

| • | -4 | 12 | **-2** | 5 | 7 |
|---|---|---|---|---|---|
| -10 | 40 | -120 | 20 | -50 | -70 |
| **6** | -24 | 72 | -12 | 30 | 42 |
| -15 | 60 | -180 | 30 | -75 | -105 |

216
18 | 12
-6 | -3 | -4
-2 | 3 | -1 | 4

**Aufgabe 4**

| | |
|---|---|
| $-3 \cdot 5 \cdot (-2) = 30$ | B |
| $9 \cdot (-3) \cdot 3 = -81$ | I |
| $-4 \cdot (-13) = 52$ | O |
| $15 \cdot 2 \cdot (-1) = -30$ | L |
| $-2 \cdot (-7) \cdot (-7) = -98$ | O |
| $0 \cdot (-6) \cdot 5 = 0$ | G |
| $-16 \cdot (-5) = 80$ | I |
| $14 \cdot (-6) = -84$ | E |

## Lösungen zu 6.7 (Seite 62)

**Aufgabe 1**

a) -3 b) 7 c) -7 d) 9 e) -8 f) -7 g) -6 h) 21
i) 31 k) -11 l) 3 m) 25 n) -6 o) -30 p) -80

**Aufgabe 2**

a) -10 / 10 / -10 / 10 b) -7 / -7 / 7 / 7 c) 8 / 8 / -8 / -8

**Aufgabe 3**

| : | -4 | 6 | -1 | 2 | -3 |
|---|---|---|---|---|---|
| -300 | 75 | -50 | 300 | -150 | 100 |
| 24 | -6 | 4 | -24 | 12 | -8 |
| -60 | 15 | -10 | 60 | -30 | 20 |

-8000 | 100 | -5 | -1
-80 | -20 | 5
4 | -4
-1

**Aufgabe 4**

| : | -4 | 5 | **10** | 20 | -2 | **-50** | -1 | **8** |
|---|---|---|---|---|---|---|---|---|
| -1000 | 250 | -200 | -100 | -50 | 500 | 20 | 1000 | -125 |
| **400** | -100 | 80 | 40 | 20 | -200 | -8 | -400 | 50 |
| -200 | 50 | -40 | -20 | -10 | 100 | 4 | 200 | -25 |

## Lösungen zu 6.8 (Seite 63)

**Aufgabe 1**

a) -4 · 7 + (-31 - 14) = -28 + (-45) = -28 - 45 = **-73**
b) -1 · 57 - (-36) : (-9) = -57 - 4 = **-61**
c) [-12 + (-9)] · (-22) : 11 = [-12 - 9] · (-2) = -21 · (-2) = **42**
d) 4 · (-125) : [13 - (-7)] = -500 : [13 + 7] = -500 : 20 = **-25**

**Aufgabe 2**

| -2 | · 16 | -32 | -20 | -52 | : 4 | -13 | +6 | -7 | · (-10) | 70 | : (-35) | -2 |
|---|---|---|---|---|---|---|---|---|---|---|---|---|
| 400 | : (-8) | -50 | · 3 | -150 | -10 | -160 | +72 | -88 | : (-11) | 8 | · 50 | 400 |

**Aufgabe 3**

a) -15 - 6 ·(-3) = -15 + 18 = **3**
b) 4 ·(-15) - (-30) : (-6) = -60 - 5 = **-65**
c) -88 : 11 + 34 : (-17) = -8 + (-2) = -8 - 2 = **-10**
d) -2 · (-14) - 54 : (-9) = 28 - (-6) = 28 + 6 = **34**
e) 900 : (-3) - (-50) ·6 = -300 - (-300) = -300 + 300 = **0**

**Aufgabe 4**

a) (-11) b) 13 c) (-8) d) 28 e) (-3) f) (-29) g) 51 h) 42 i) (-1)

## Lösungen zu 6.9 (Seite 64)

**Aufgabe 1**

a) -62 + (-84) = **-146**
b) +62 - (-84) = **146** oder +64 - (-82) = **146** oder +84 - (-62) = **146** oder +82 - (-64) = **146**
c) -64 · (+82) = **-5248** oder +64 · (-82) = **-5248** oder -82 · (+64) = **-5248**
oder +82 · (-64) = **-5248**
d) +864 : (+2) = 432 oder -864 : (-2) = **432**

**Aufgabe 2**

14 - (-8) · (-9) + 16 = 14 ~~+ 72~~ + 16 = 102

14 - (-8) · (-9) + 16 = 14 - 72 + 16 = -58 + 16 = -42

<u>Erklärung:</u> (-8) · (-9) ist +72.
Das positive Vorzeichen ergibt zusammen mit dem Rechenzeichen Minus wieder Minus und nicht Plus.

**Aufgabe 3**

Summe von Herrn Falke: **+5** Summe von Herrn Müller: **+9**

Frau Assmann steht im Moment wie Herr Falke bei **+5**. Sie muss also beim letzten Loch eine **-1** spielen, also einen Schlag weniger benötigen als vorgegeben, um zu gewinnen.

# Lösungen zu 7.1 (Seite 65)

**Aufgabe 1**

| | | | | | | | |
|---|---|---|---|---|---|---|---|
| Länge a | 5 cm | 2 cm | 6 dm | 6 m | **8 cm** | 4,5 m | 1,5 cm |
| Breite b | 4 cm | 9 cm | 2 m | **3 m** | 12 cm | 3 m | **5,5 cm** |
| Umfang u | **18 cm** | **22 cm** | **52 dm** | 18 m | 4 dm | **15 m** | 14 cm |

**Aufgabe 2**

| | | | | | | | |
|---|---|---|---|---|---|---|---|
| Seitenlänge a | 6 cm | 4 m | **12 cm** | **75 cm** | **15 cm** | 8,5 cm | **2,4 m** |
| Umfang u | **24 cm** | **16 m** | 48 cm | 3 m | 6 dm | **34 cm** | 9,6 m |

**Aufgabe 3**

a) u = 2 · 2 cm + 2 · 1,5 cm = **7 cm**
b) u = 2 · 2 cm + 2 · 4 cm = **12 cm**
c) u = 4 · 1 cm = **4 cm**
d) u = 2 · 3 cm + 2 · 3,5 cm = **13 cm**
e) u = 2 · 4 cm + 2 · 1 cm = **10 cm**
f) u = 4 · 2,5 cm = **10 cm**

# Lösungen zu 7.2 (Seite 66)

**Aufgabe 1**

a) u = 12 m + 10 m + 4 m + 5 m + 8 m + 5 m = **44 m**
b) u = 2 m + 3,5 m + 6,5 m + 2 m + 6,5 m + 2 m + 6,5 m + 2 m + 8,5 m + 9,5 m = **49 m**
c) u = 6,40 m + 9,60 m + 1 m + 4 m + 4,40 m + 4 m + 1 m + 9,60 m = **40 m**

**Aufgabe 2**

a) Zeichnung: Rechteck mit 5,5 cm Länge und 3 cm Breite.
b) u = 2 · 11 m + 2 · 6 m - 1 m - 3,50 m = **29,5 m** Antwort: Der Zaun ist 29,5 m lang.

**Aufgabe 3**

u = 2 · 120 m + 2 · 90 m = **420 m** Antwort: Die Absperrung ist 420 m lang.

**Aufgabe 4**

a) u = 2 · 45 m + 2 · 35 m = **160 m** Antwort: Sie laufen 160 m pro Runde.
b) 4000 m : 160 m = **25** Antwort: Sie laufen 25 Runden.

# Lösungen zu 7.3 (Seite 67)

**Aufgabe 1**

$A_1 = A_8$ / $A_2 = A_4$ / $A_3 = A_6$ / $A_5 = A_7$

**Aufgabe 2**

Die Fläche **I.** hat den größten Inhalt.
Der Flächeninhalt von **I.** ist doppelt so groß wie der Flächeninhalt von **II.**
Die Flächen **III.** und **IV.** besitzen den gleichen Inhalt.

**Aufgabe 3**

Neue Reihenfolge: A C H T

# Lösungen zu 7.4 (Seite 68)

**Aufgabe 1**

a) $9\ m^2 = 900\ dm^2$ b) $70\ cm^2 = 7000\ mm^2$ c) $66\ km^2 = 6600$ ha d) $9\ a = 900\ m^2$

**Aufgabe 2**

a) $6600\ mm^2 = 66\ cm^2$ b) $1000\ cm^2 = 10\ dm^2$ c) $180000\ ha = 1800\ km^2$

**Aufgabe 3**

a) $76\ m^2 = 760000\ cm^2$
b) 18 ha = 1800 a
c) $14\ km^2 = 1400$ ha
d) $7\ km^2 = 70000$ a
e) 7000 a = 70 ha
f) $3\ cm^2 = 300\ mm^2$
g) $5\ m^2 = 500\ dm^2$
h) $3\ dm^2 = 300\ cm^2$
i) $6\ a = 600\ m^2$
k) $78\ ha = 780000\ m^2$
l) $90\ dm^2 = 900000\ mm^2$
m) $600\ ha = 6\ km^2$
n) $5000\ cm^2 = 50\ dm^2$
o) $2300\ mm^2 = 23\ cm^2$
p) 600000 a = 6000 ha
q) $78000\ ha = 780\ km^2$
r) $80000\ cm^2 = 8\ m^2$
s) $45000\ dm^2 = 450\ m^2$

**Aufgabe 4**

a) $3580\ m^2 = 35\ a\ 80\ m^2$
b) $2375\ m^2 = 23\ a\ 75\ m^2$
c) $458\ dm^2 = 4\ m^2\ 58\ dm^2$
d) $5090\ ha = 50\ km^2\ 90$ ha
e) $6701\ ha = 67\ km^2\ 1$ ha
f) $45000\ mm^2 = 4\ dm^2\ 50\ cm^2$
g) $73005\ cm^2 = 7\ m^2\ 30\ dm^2\ 5\ cm^2$
h) $123400\ dm^2 = 12\ a\ 34\ m^2$
i) $7001\ cm^2 = 70\ dm^2\ 1\ cm^2$
k) $580087\ a = 58\ km^2\ 87$ a

**Aufgabe 5**

a) $27\ cm^2\ 4\ mm^2 = (2700 + 4)\ mm^2 = 2704\ mm^2$
b) $14\ dm^2\ 5\ mm^2 = 140005\ mm^2$
c) $56\ m^2\ 20\ dm^2 = 5620\ dm^2$
d) $60\ cm^2\ 5\ mm^2 = 6005\ mm^2$
e) $60\ m^2\ 50\ dm^2 = 6050\ dm^2$
f) $66\ ha\ 80\ m^2 = 660080\ m^2$
g) $4\ cm^2\ 8\ mm^2 = 408\ mm^2$
h) $5\ km^2\ 6\ ha = 506$ ha
i) $78\ km^2\ 5\ a = 780005$ a
k) 6 ha 1 a = 601 a

# Lösungen zu 7.5 (Seite 69)

**Aufgabe 1**

Lösungswort: T E L E F O N

**Aufgabe 2**

a) $2600\ cm^2$ [<] $26\ m^2$
b) $70\ cm^2$ [<] $7\ dm^2$
c) $56\ cm^2$ [>] $570\ mm^2$
d) $34\ km^2$ [>] 35000 a
e) 800 ha [>] 8000 a
f) $5600\ dm^2$ [=] $56\ m^2$
g) $45\ m^2\ 20\ cm^2$ [>] $4520\ cm^2$
h) 7 ha 5 a [=] 705 a
i) $8\ km^2\ 500\ m^2$ [>] $8500\ m^2$

**Aufgabe 3**

b) $500\ m^2 < 5\ a\ 10\ cm^2 < 50002\ dm^2$
c) $6000\ dm^2 < 60\ m^2\ 1\ dm^2 < 6\ a$
d) $699\ a < 7\ ha < 7000001\ dm^2 < 70001\ m^2$,
e) $5000\ mm^2 < 400\ cm^2 < 20\ dm^2 < 3m^2$

**Aufgabe 4**

b) $2\ km^2 + 12\ ha\ 5\ a + 1200\ m^2 = 2000000\ m^2 + 120500\ m^2 + 1200\ m^2 = 2121700\ m^2 =$ **21217 a**
c) $45\ m^2 + 1300\ cm^2 + 11\ dm^2 = 4500\ dm^2 + 13\ dm^2 + 11\ dm^2 =$ **4524 dm²**

**Aufgabe 5**

a) $45\ m^2 = 45000000$ **mm²**
b) $600\ a = 600000000$ **cm²**
c) $5\ km^2 = 5000000$ **m²**
d) $1700\ cm^2 = 17$ **dm²**
e) $88000000\ mm^2 = 8800$ **dm²**
f) $300000\ cm^2 = 30$ **m²**

# Lösungen zu 7.6 (Seite 70)

**Aufgabe 1**

a) $A = 4\ cm \cdot 7\ cm =$ **28 cm²** b) $A = 6\ m \cdot 9\ m =$ **54 m²** c) $A = 30\ cm \cdot 5\ cm =$ **150 cm²**

**Aufgabe 2**

a) $A = 6\ cm \cdot 6\ cm =$ **36 cm²** b) $A = 9\ dm \cdot 9\ dm =$ **81 dm²** c) $A = 12\ mm \cdot 12\ mm =$ **144 mm²**

**Aufgabe 3**

a) $b = 45\ cm^2 : 9\ cm =$ **5 cm** b) $a = 40\ m^2 : 2\ m =$ **20 m** c) $b = 600\ dm^2 : 3\ dm = 200\ dm =$ **20 m**

**Aufgabe 4**

a) $A = 35\ dm \cdot 35\ dm =$ **1225 dm² = 12 m² 25 dm²** b) $A = 40\ dm \cdot 75\ dm =$ **3000 dm² = 30 m²**
c) $A = 640\ cm \cdot 500\ cm =$ **320000 cm² = 32 m²**

# Lösungen zu 7.7 (Seite 71)

**Aufgabe 1**

b) $28\ m^2\ 55\ dm^2 - 6\ m^2\ 67\ dm^2 = 2855\ dm^2 - 667\ dm^2 = 2188\ dm^2 =$ **21 m² 88 dm²**
c) $12\ cm^2\ 7\ mm^2 - 39\ mm^2 = 1207\ mm^2 - 39\ mm^2 = 1168\ mm^2 =$ **11 cm² 68 mm²**
d) $35\ m^2\ 90\ dm^2 - 7\ m^2\ 95\ dm^2 = 3590\ dm^2 - 795\ dm^2 = 2795\ dm^2 =$ **27 m² 95 dm²**
e) $4\ m^2 - 12\ dm^2 - 3400\ cm^2 = 400\ dm^2 - 12\ dm^2 - 34\ dm^2 = 354\ dm^2 =$ **3 m² 54 dm²**
f) $17\ cm^2 - 8\ mm^2 - 2\ cm^2\ 4\ mm^2 = 1700\ mm^2 - 8\ mm^2 - 204\ mm^2 = 1488\ mm^2 =$ **14 cm² 88 mm²**
g) $8\ ha\ 25\ a + 88\ a - 14000\ m^2 = 825\ a + 88\ a - 140\ a = 773\ a =$ **7 ha 73 a**

**Aufgabe 2**

a) $A = 8\text{ m} \cdot 10\text{ m} + 5\text{ m} \cdot 12\text{ m} = 80\text{ m}^2 + 60\text{ m}^2 = \mathbf{140\text{ m}^2}$

b) $A = 9\text{ m} \cdot 2\text{ m} + 9\text{ m} \cdot 3\text{ m} + 4\text{ m} \cdot 2{,}50\text{ m} = 18\text{ m}^2 + 27\text{ m}^2 + 10\text{ m}^2 = \mathbf{55\text{ m}^2}$

**Aufgabe 3**

$b = 207\text{ m}^2 : 9\text{ m} = 23\text{ m}$ $\quad$ $u = 2 \cdot 9\text{ m} + 2 \cdot 23\text{ m} = \mathbf{64\text{ m}}$

Antwort: Das Rechteck hat einen Umfang von 64 m.

**Aufgabe 4**

$a = 48\text{ cm} : 4 = 12\text{ cm}$ $\quad$ $A = 12\text{ cm} \cdot 12\text{ cm} = \mathbf{144\text{ cm}^2}$

**Aufgabe 5**

$46\text{ cm} - 2 \cdot 7\text{ cm} = 32\text{ cm}$ $\quad$ $32\text{ cm} : 2 = 16\text{ cm}$ $\quad$ $A = 7\text{ cm} \cdot 16\text{ cm} = \mathbf{112\text{ cm}^2}$

## Lösungen zu 7.8 (Seite 72)

**Aufgabe 1**

$A = 3\text{ m} \cdot 4\text{ m} = 12\text{ m}^2$ $\quad$ $12 \cdot 15\text{ €} = \mathbf{180\text{ €}}$

Antwort: Der neue Teppichboden kostet 180 €.

**Aufgabe 2**

$A_{\text{Fliese}} = 25\text{ cm} \cdot 25\text{ cm} = 625\text{ cm}^2$ $\quad$ $A_{\text{Küche}} = 4\text{ m} \cdot 2{,}50\text{ m} = 40\text{ dm} \cdot 25\text{ dm} = 1000\text{ dm}^2 = 10\text{ m}^2$

$100000\text{ cm}^2 : 625\text{ cm}^2 = \mathbf{160}$

Antwort: Es werden 160 Fliesen benötigt.

**Aufgabe 3**

$10 \cdot 57\text{ €} = \mathbf{570\text{ €}}$ $\quad$ Antwort: Familie Meier muss 570 € bezahlen.

**Aufgabe 4**

$A_{\text{Wohnzimmer}} = 4\text{ m} \cdot 5{,}50\text{ m} = 40\text{ dm} \cdot 55\text{ dm} = 2200\text{ dm}^2 = 22\text{ m}^2$

$22 \cdot 60\text{ €} + 400\text{ €} = \mathbf{1720\text{ €}}$

**Aufgabe 5**

Rolle: $A = 1000\text{ cm} \cdot 50\text{ cm} = 50000\text{ cm}^2 = 5\text{ m}^2$

Wände: $A = (4\text{ m} + 3\text{ m} + 4\text{ m} + 3\text{ m}) \cdot 2{,}50\text{ m} = 14\text{ m} \cdot 2{,}50\text{ m} = 140\text{ dm} \cdot 25\text{ dm} = 3500\text{ dm}^2 = 35\text{ m}^2$

zu tapezierende Fläche: $35\text{ m}^2 - 5\text{ m}^2 = 30\text{ m}^2$

Anzahl der Rollen: $30\text{ m}^2 : 5\text{ m}^2 = \mathbf{6}$

Antwort: Es werden 6 Rollen benötigt.

# Lösungen zu 8.1 (Seite 73)

**Aufgabe 1**

a) 2012 / 165 Cent pro Liter  b) 140 Cent pro Liter  c) 20 Cent pro Liter Unterschied

**Aufgabe 2**

a) Altersgruppe „40 bis 60 Jahre" mit 30000000.
b) Die Gruppe „20 bis 40 Jahre" ist vier Mal so groß wie die Gruppe „80 und mehr".
c) Die Gruppe „60 bis 80 Jahre".

**Aufgabe 3**

a) Rom: Maximum im Juli, Minimum im Februar
Bari: Maximum im August, Minimum im Januar

b) Im Februar, 5°C Unterschied.

# Lösungen zu 8.2 (Seite 74)

**Aufgabe 1**

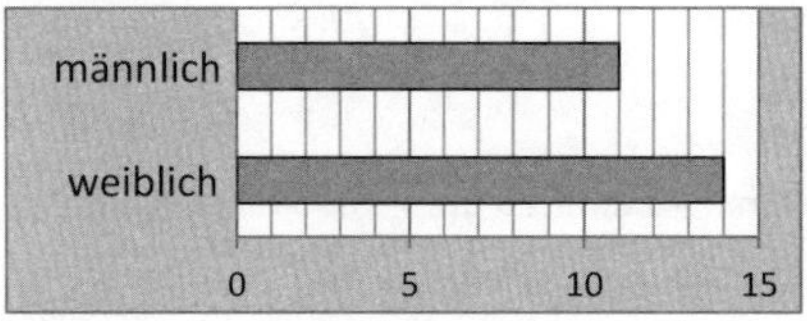


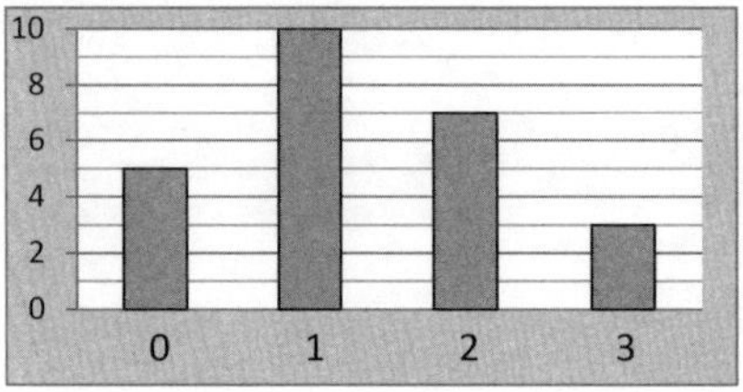


Anzahl an Geschwistern

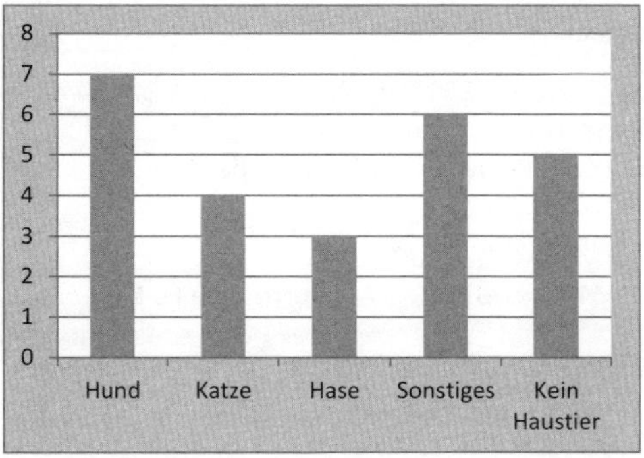


**Aufgabe 2**

z.B. Welche Farbe wurde am seltensten genannt?
z.B. Welche Farbe wurde am häufigsten genannt?
z.B. Welche Farben wurden gleich oft genannt?
z.B. Welche Farbe wurde am zweithäufigsten genannt?
z.B. Vergleiche die Farben gelb und blau. Was fällt dir auf?
z.B. Vergleiche die Farben gelb und rot. Was fällt dir auf?

# Lösungen zu 8.3 (Seite 75)

**Aufgabe 1**

a) 75 - 26 - 18 - 9 = **22** Antwort: Es wurden 22 Schokohörnchen verkauft.

b) **Säulendiagramm**

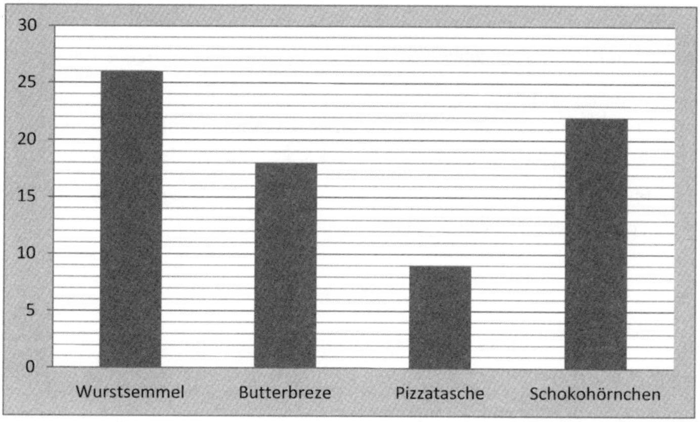


**Balkendiagramm**

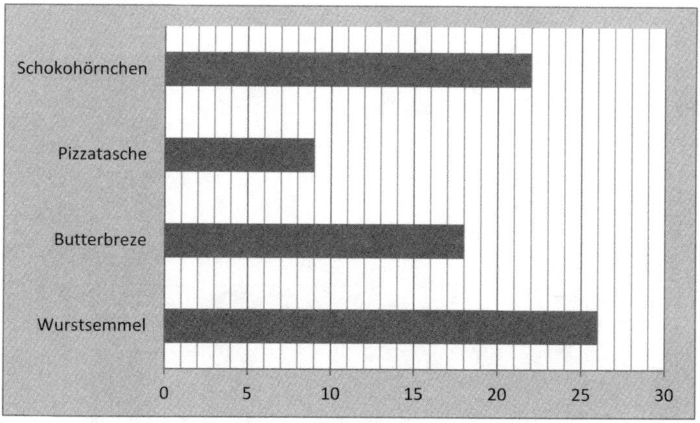


c) **I.** Schokohörnchen **II.** Wurstsemmel
**III.** Butterbreze **IV.** Pizzatasche

# Lösungen zu 8.4 (Seite 76)

**Aufgabe 1**

a) Diagramm eins beginnt bei der y-Achse erst mit der drei.
Richtig wäre hier mit der eins zu starten.

Folge: Es ist keine genaue Angabe über die Anzahl „Triathlon" möglich. Es kann sogar zu der Annahme kommen, dass niemand diese Sportart angegeben hat.

Bei Diagramm zwei wurde eine viel zu hohe Skala für die y-Achse (Maximum bei 100) gewählt.

Folge: Die Säulen sind völlig verzerrt dargestellt. Ein exaktes Ablesen ist nicht möglich. Man könnte fast annehmen, alle Sportarten wurden fast gleich häufig genannt.

b)

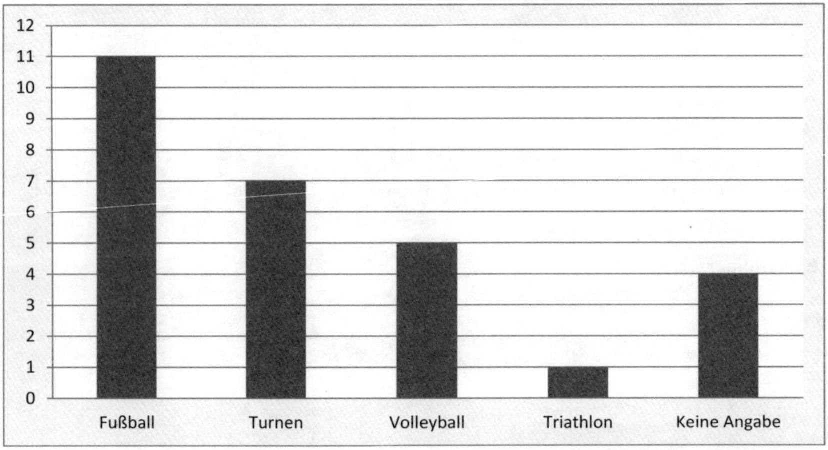


**Aufgabe 2**

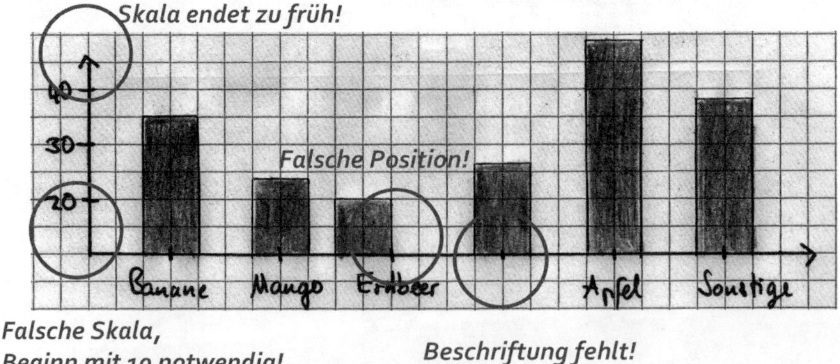